W0039896

ERFOLGSGEHEIMNISSE
einer UNTERNEHMERIN

Wie Sie ein
wohlhabendes
und
stressfreies
Leben
beginnen -
noch
HEUTE!

POWERED BY

B O O K S

Esther Wasser

Copyright © MMXIX Esther Wasser

ALLE RECHTE VORBEHALTEN. Kein Teil dieses Buches darf ohne jegliche schriftliche, datierte und unterzeichnete Genehmigung des Autors in irgendeiner Form, elektronisch oder mechanisch, einschließlich Fotokopie, Aufzeichnung oder durch jegliches Informationsspeicher- oder Abrufsystem, vervielfältigt oder übertragen werden.

Autorin: Esther Wasser | estherwasser.com
Titel: Erfolgsgeheimnisse einer Unternehmerin
ISBN: 978-1-927892-96-1
        Auch als E-book erhältlich
Titelfoto: Lina Sommer
Fotos: Esther Wasser

Herausgeber: Black Card Books
Abteilung von Gerry Robert Enterprises Inc.
Suite 214, 5-18 Ringwood Drive
Stouffville, Ontario, Canada, L4A 0N2
International Calling: +1 877 280 8536
www.blackcardbooks.com

Das vorliegende Buch ist sorgfältig erarbeitet worden. Dennoch erfolgen alle Angaben ohne Gewähr. Weder Autor noch Verlag können für eventuelle Nachteile oder Schäden, die aus den im Buch gegebenen Hinweisen resultieren, eine Haftung übernehmen.

Black Card Books übernimmt keine Verantwortung für die Richtigkeit der Informationen auf den in diesem Buch zitierten und/oder vom Autor verwendeten Webseiten. Die Einziehung von Website-Adressen in diesem Buch stellt keine Bestätigung durch oder assoziieren Black Card Books mit solchen Websites oder den Inhalt, Produkte, Werbung oder andere Materialien präsentiert.

Die Meinungen des Autors stellen nicht unbedingt die Ansichten und Meinungen von Black Card Books dar. Der Verlag übernimmt keinerlei Haftung für jegliche Inhalte oder Meinungen, die durch den Autor oder durch den Autor ausgedrückt werden.

Erfolgsgeheimnisse einer Unternehmerin ist eine eingetragene Marke

Gedruckt in Deutschland

Dieses Buch widme ich mir
und meiner Wiedergeburt.

Möge sie jeder Frau widerfahren die auf der Suche ist.

Inhaltsverzeichnis

Becoming Esther

Liebe Leserin,

ich will dir von meinem Werdegang berichten. Von dem kleinen Mädchen, das ein Junge werden sollte und sich bis zur Selbstverleugnung abmühte, dieser oder besser zu sein.

Hier liegt auch Hochmut begraben: sich als Opfer von Männern zu fühlen und insgeheim über sie zu lachen. Ich habe mich nirgends zugehörig gefühlt, so sehr ich mich danach sehnte. Ich konnte nicht ahnen, dass dies die Triebfeder für meine spätere Entwicklung und heutige Arbeit sein wird. In meiner Familie, im Kindergarten, in der Grundschule und bei jedem Umzug fühlte ich als Kind große Einsamkeit und Alleinsein. Nicht gut genug, nicht liebenswert. Außenseiter. Ich sah immer die Gruppe und mich extern.

Ab der Grundschule habe ich mich sehr bemüht dazuzugehören. Einfach weil diese Sehnsucht in mir war. Beachtung, Anerkennung und Zustimmung, danach sehnte ich mich vom ganzen Herzen. Zugleich sah ich zu meinem Vater auf, wie alle anderen in der Familie. Große Furcht und gleichzeitig grenzenlose Bewunderung. Er sah toll aus, war sehr erfolgreich als Arzt, ein halbes Dutzend Interessen und kaum ein Auge oder Ohr für

> Hier liegt auch Hochmut begraben: sich als Opfer von Männern zu fühlen und insgeheim über sie zu lachen.

1

mich. Eine selbstverständliche Erwartung in der Schule sehr gut zu sein. Ich hoffte, wenn ich dem entsprach, bekäme ich die ersehnte Aufmerksamkeit. Ich war laut und quirlig. Das blieb auch im Gymnasium so: laut und quirlig mit einer wachsenden ungeduldigen Sehnsucht nach Beachtung. Nur die guten Noten nicht. Lernen hatte ich nicht gelernt und auf meine Intelligenz allein konnte ich mich jetzt nicht mehr verlassen. Ich bekam große Angst und von meinen Eltern kein Verständnis. Ich war der Klassenclown zur Kompensation, damit ja niemand merkte und ich nicht spüren musste, was sich in mir auftat: Die gähnende Angst des Versagens. Die wollte ich nicht spüren. Die Vorstellung im Leben nicht zu genügen war einfach zu grauenhaft. Die Angst vor weiterer Überforderung brachte mir ein Versäumnis nach dem anderen ein. Kurz, ein Eiertanz aus schlechten Noten und Fehlstunden bis zum Abitur. War ich als Kind noch hässlich mit Brille, Zahnspange und den Klamottenvorstellungen meiner Mutter, so entdeckte ich in der Pubertät den scheinbaren Halt in meinem Äußeren. Ich war ein Spätzünder, die sich ungeduldig dem ersten Freund an den Hals warf. Ein Junge, nicht auf Augenhöhe mit mir, wurde die erste große Liebe. Was uns verband: der Wunsch nach Anerkennung. Ich träumte tatsächlich von Heirat und Familie, ich im Büro seiner Eltern. So kann Unterwürfigkeit aussehen.

Mit dem Abitur war die Beziehung vorbei und die zu meinen Eltern in der Zerreißprobe. Nichts wie weg, nie wieder eine Schulbank. Zunächst in die Schweiz zum Praktikum, wo mich gleich die nächste Herausforderung erwartete. Hatte ich mich seit dem 16. Lebensjahr als Schulbeauty etabliert, an deren Status ich mich klammerte, so nahm ich hier in 3 Monaten 20 kg zu! Ich war entsetzt, wollte jeden Spiegel meiden. Aus Einsamkeit hatte ich viel Schweizer Schoki genascht, war jedoch gewöhnt nach Gusto alles essen zu können – ohne Folgen. Hier im Praktikum hatte ich körperlich anstrengende

Monate und danach, bei meiner Abreise, passte mir nichts mehr. Ich hatte mich einer Mandel-OP im Frühjahr unterzogen und mir entglitt dieser „Haltegriff" – der guten Figur. Dafür blühte ich auf, was Fleiß und Arbeit anging. Mit meinem Einfühlungsvermögen war ich in der Gastronomie goldrichtig und meine Selbstverleugnung konnte einen Gang höherschalten. Die 3-jährige Lehrzeit hat mich fürs Leben geprägt: Hier konnte ich ein solides Fundament für meinen Perfektionismus schaffen. 11 Stunden täglich x 6,5 Tage waren geeignet, um mit Anfang 20 eine chronische Gastritis und mehrfache Magenspiegelung zu erhalten. Und Aufmerksamkeit. Ich begann meine Krankheiten auszuschmücken und vieles andere auch. Eine kreative Sprech- und Ausdruckskraft ist mir eigen und trat hervor. „Du redest so viel" von meinen Eltern und „Das ist so interessant, was Sie erzählen" von anderen. Freundschaften hatte ich kaum, dafür eine verrückte Beziehung nach der anderen. Nach jedem Desaster fühlte ich mich noch schlechter, noch mehr als Versagerin. Beruflich ging es dafür stabil bergauf. Um die innere Leere zu fülle, probierte ich über Essen, Shoppen, TV, Männer, Workaholic ziemlich viel aus. Nach kurzer Zeit war mir langweilig oder ich kam an einen Punkt, der meine Versagensangst berührte und dann war ich schnell wieder weg. Außerdem hatte ich mir vorgenommen mit 30 selbstständig zu sein, wie mein verehrter Vater. Meine Enttäuschung war groß, dass mein Fleiß, das tolle Hotel und die danach genommenen Stufen der Karriereleiter, nicht seine Anerkennung und Aufmerksamkeit fanden. So suchte ich weiter im Außen, was nur in mir zu finden war, noch völlig nichts ahnend.

So kam ich auch ins Oberbergische zurück. Ich sanierte ein Fachwerkhaus mit meinem Vater. Wir erschufen einen wundervollen Ort, ein Restaurant mit idyllischem Biergarten. Perfekt zur Vorbereitung meines Burn-outs. Sieben Jahre, in denen ich mit zwei Männern meine beiden Kinder zeugte, aufs Erbärmlichste, alle Versionen der Unterwürfigkeit durchlebte. Mittendrin eine Katastrophe nach der anderen. Hochwasser - Restaurant von der Zufahrt abgeschnitten. Plötzlicher Tod meines Vaters mit 58, Kriegserklärung vom Vater meines zweiten Kindes. Ich hatte schon Erfahrung mit Psychotherapie, doch jetzt war ich reif für die Klinik. Taub für meine Bedürfnisse. Ein Automat mit blonden Haaren. Scham, Selbstmitleid und dem Wunsch nach Selbstoptimierung. Hass möchte ich nicht schreiben, weil ich befürchte, es könnte stimmen. Ablehnung meiner selbst und gleichzeitig die schwindende Hoffnung, jemand anderes könnte mich mögen so wie ich bin. Ich ahnte nicht, dass dies der Wendepunkt war.

In der Klinik kam ich in Kontakt mit meiner Intuition und systemischer Arbeit. Ich war in einer spirituellen Klinik, ohne zu wissen, was spirituell bedeutet. Mit dem 18. Geburtstag hatte ich mich dem Zwang des katholischen sonntäglichen Kirchgangs entzogen. Hier in der Klinik Heiligenfeld betrat ich eine Welt von Sinnsuchenden. Mit den Worten „Ach, was sind Sie für ein Schatz" entließ mich mein Arzt.

Es folgte eine systemische Ausbildung in Familientherapie. Es begann die Zeit des Aufdeckens, der schmerzhaften, unbequemen Wahrheiten. Erste unbewusste Schritte aus der Opferwelt in Richtung Autonomie. Darauf folgten viele ungeduldige Jahre mit Coaching-Seminaren, in denen ich mit meinem Verstand immer wieder entwischen konnte. Besser gesagt: meine Versagensangst. Mit

Coaching-Phrasen lässt sich zum einen Anerkennung einheimsen, zum anderen erschließt sich eine neue Möglichkeit, wortgewaltig die Versagensangst zu tarnen. Darüber hinaus hatte ich jetzt einen riesigen Werkzeugkasten verbaler und intellektueller Art. Das, was ich maßgeblich für meine individuelle Art der Arbeit mit Menschen brauchte, hatte ich längst an Bord, war mir jedoch weitgehend unbewusst und wollte wiederentdeckt werden. Kreativität, Sprachtalent, Eloquenz, Rhetorik, Intuition, Hellsichtigkeit, Einfühlungsvermögen, Klarheit, Mut hatte ich immer und habe ich in dieses Leben mitgebracht. Dass ich darauf vertrauen darf und kann, sollte ich später lernen. Bewaffnet mit diesem Werkzeugkasten merkte ich schnell, dass ich auf *normale* Akquise keine Lust hatte. Ich orientierte mich parallel und durch Impulse des jeweiligen Freundes am Direktvertrieb und lernte MLM kennen. Ich war ja alleinerziehend mit zwei kleinen Jungs. So kam ich nach Beendigung meiner Business-Coachingausbildung in Berührung mit dem amerikanischen Markt und dessen Marketing. Online Marketing blühte dort gerade auf und mit dem nun eigenen technischen Interesse, war ich fasziniert und begeistert von den neuen Möglichkeiten. Dass ich auch hier eine Pionierin war, begann ich langsam als positives Alleinstellungsmerkmal zu verstehen. Ich erkannte ein Muster, verfolgbar seit meiner Jugend, etwas was ich selbst innehatte. Das war auch wie ein Lichtblick in der Finsternis. Denn mit den Möglichkeiten kam auch eine neue Welt der Überforderung. Die Seminare in London waren derart anstrengend für mich, dass mein Körper kapitulierte und den Dienst versagte.

Das da mein Körper war, der Bedürfnisse hatte und mich seit Jahrzehnten tapfer begleitete, bzw. meinen Wahnsinn ermöglichte, kam mir nicht in den Sinn. Das Versagen des Körpers war mir lästig. Nur der Verstand zählte und hatte das Kommando. So begann ich mich zunächst nur mental mit Spiritualität zu beschäftigen. Die andere Welt, Menschen mit hellsichtigen Fähigkeiten, begannen mich zu interessieren. Ich bewunderte sie um ihre besonderen Talente. Ich träumte heimlich und sehnsuchtsvoll nun schon 40 Jahre aus meinem Schattendasein herauszutreten und fürchtete doch gleichzeitig das Licht. Das Licht, wenn die Augen auf mich gerichtet sind, war mir peinlich und meine Selbstverleugnung wiegelte bescheiden ab. Die Befürchtung, dass mein tiefster Punkt, dass ich ein Nichts und eine Versagerin war, würde dann ja für alle sichtbar sein. Sehnsucht und Angst mussten noch eine längere Zeit lang Hand in Hand gehen. Mein Perfektionismus ermüdete mich mit zunehmendem Alter, denn er hielt mich ganz schön arbeitsam auf Trab. Noch peinlicher empfand ich die Phasen, in denen ich lethargisch vor mich hindämmerte. Nichts ging mehr und nur durch den Arbeitsplatz zuhause konnte ich dies verstecken. Ich war über jedes Maß an Input hinaus, konnte mich zu nichts aufraffen, wollte nur meine Ruhe und Kohlenhydrate. Wie fühlte und schämte ich mich für mein Ruhebedürfnis. Ich tarnte mich und isolierte mich dadurch einmal mehr. Ich sah mich überfordert mit den Bedingungen der Gesellschaft und gleichzeitig war mir klar, dass an diesen etwas faul war, denn mittlerweile war „Burn-out" in aller Munde.

> Die Gefühle dazu, die nackte Angst, wollte ich nicht wahrnehmen - ich hatte Angst vor der Angst.

Ich begann, Telefonseminare über Burn-out-Vermeidung zu geben. Im Ayurveda erfuhr ich von Möglichkeiten, mich zu stabilisieren und zu beruhigen. Einige Jahre wöchentlicher Yoga Einzelunterricht zeigten mir Wege, mich zu zentrieren und einen eigenen Weg der Meditation zu finden, sowie den Zusammenhang zwischen Körper und Psyche zu erkennen. Themen, mit denen ich mich im Inneren auseinandersetzte, waren von meiner Lehrerin vom Körper ablesbar. Meiner Gelenkigkeit geschuldet, war Ashtanga Yoga auch ein neues Feld für Ehrgeiz und Überforderung. Auch mein Körper wurde unbarmherzig von mir gefordert, nur hatte ich einen neuen Grenzgeber in mir; das Burn-out. Mehr als Konsequenz, denn als Gefühl oder Empfindung, mahnte mich diese Erfahrung zur Vorsicht. Mehr und mehr und immer häufiger pendelte ich in den anderen Pol = ich hatte Episoden einer Scheintoten! Konnte ich mich bei der Arbeit als Workaholic noch ablenken, so war ich jetzt zu Hause, tagsüber allein und tat nichts. Verließ das Haus nicht, war im Bett oder auf der Couch, saß im Büro und starrte auf den Bildschirm, bemühte mich um Ablenkung mit bewährtem Verhalten aus Essen, PC, TV, Shoppen. Die gähnende Leere wurde immer präsenter. Oh wie peinlich.

Schuldgefühle, Scham, Ausreden, Gewichtszunahme, ich fand mich grässlich. Die Gefühle dazu, die nackte Angst, wollte ich nicht wahrnehmen - ich hatte Angst vor der Angst. Dass ich beladen war mit Projekten, die mir drei Nummern zu groß waren in der Verwaltung, Beziehungen die mir nicht gestatteten zu wachsen, spürte ich immer erst dann, wenn nichts mehr ging und ich mich mit einem Ruck befreite. Dann spürte ich die große Vakanz an Energie, die jetzt zur Verfügung stand.

Ich begann mich mit den „Archetypen der Seele" zu beschäftigen. Ich erkannte, welche großen Herausforderer an meiner Seite standen und erfuhr zum ersten Mal so etwas wie Heilung. Ich war in Ordnung. Ich war so gewollt. Der rote Faden für die unzähligen Ereignisse in meinem Leben wurde sichtbar. Etwas in mir konnte zustimmen, dass die unsichtbare Welt existiert. Ich löste mich von meinem großen Anwesen, meinem persönlichen Hamsterrad, welches ich doch mit so viel Begeisterung und Stil hatte wiederaufleben lassen. Die Episode einer 9-monatigen Ehe war dabei nur ein kleiner Seitenhieb, sodass mir eine lange Zeit des bewussten Alleinseins, nur mit meinen Söhnen, bevorstand. Als ich dann umzog, um näher an Schule und Zentrum von Wiehl zu sein, stieg meine Energie schwunghaft an und mit Leichtigkeit veränderte sich mein geschäftlicher Erfolg wieder. Ich beobachte zum ersten Mal ganz klar den Zusammenhang zwischen dem selbst erschaffenen Ballast in meinem Leben und dem Maß an Energie, das zur Verfügung stand.

Leichtigkeit, Unabhängigkeit, Loslassen tauchten am Horizont meines Wortschatzes auf. Nun hatte ich ein kleines Gärtchen, überschaubar und mit viel Platz für Rosen und Lavendel. Schönheit durfte Einzug halten in meinem Leben. Ich ließ nicht locker bis ich die passende Hilfe für den Haushalt fand. Es sollten drei Jahre mit Gerichtsprozessen gegen Väter, Steuerberater und Vermieter folgen. Harte Zeiten, ich stöhnte und ging gestärkt hervor. Ohnmachtsgefühle und Klagen meinerseits. Parallel tauchte die Option zu diesem Buch auf und ich begab mich ein letztes Mal unbewusst in ein getimtes großes Projekt unter der Führung einer jüngeren Seele. Die Lähmung und Angst vor Überforderung waren auch gleich hilfreich zur Stelle. Wie sollte ich das kommunizieren? Auf meine Ängste war Verlass und so schob ich dieses Projekt, das einerseits die Sehnsucht nach Anerkennung symbolisierte wie kein vorheriges, anderseits auch mich allein ins Rampenlicht bugsierte, vor mir

> Die Schönheit, Eleganz und Anmut meiner Talente und Fähigkeiten ergaben einen Sinn!

her. Viele Schritte waren zu gehen, bevor meine Psyche das Okay geben würde. Schritte auf anderen Ebenen. Mittlerweile hatte ich das Konzept des VIP-Coachings entwickelt und ich bot vor allem die langfristige Betreuung, Begleitung von Frauen an. Das Wachstum der Klienten stand im Vordergrund meiner Arbeit am Telefon.

Schon nach kurzer Zeit machten meine medialen Kräfte auf sich aufmerksam. Ich konnte warnehmen, was meine Kundin wirklich will und nicht aussprechen konnte. Ich hatte Zugriff auf ihren Tabubereich. Jetzt nahm meine Neugier und meine spirituelle Entwicklung Fahrt auf. Das Puzzle meines Lebens tauchte als Bild vor mir auf. Die Schönheit, Eleganz und Anmut meiner Talente und Fähigkeiten ergaben einen Sinn! Ich war mehr und mehr von Hoffnung erfüllt. Echtes Selbstvertrauen und Selbstbewusstsein brach sich Bahn. Mein Verstand war wenig begeistert vom Fahrersitz geschubst zu werden. Ich musste lernen ihn zu nutzen, jedoch das Zepter selbst in die Hand zu nehmen und bin damit auch heute noch herausgefordert. Die Qualität meiner Herausforderungen hatte sich sehr gesteigert und langsam konnte ich zustimmen, dass dies ein elementarer Bestandteil meiner beschleunigten Entwicklung ist. Mein lieber Körper, von dem ich Gehorsam gefordert hatte, zeigte mir zuverlässig und schmerzhaft, in welche Richtung meine höhere Instanz mich schauen lassen will. Ein Vertrauen darin geführt und Teil eines größeren Ganzen zu sein, welches von göttlichem Design und Ausmaß ist, erfüllt mich heute.

> Schönheit durfte Einzug halten in meinem Leben.

So entsteht dieses Buch, liebe Leserin, für mich und durch mich. Ein Geschenk an mich selbst, an dem ich dich vom Herzen teilhaben lassen will. Meine wichtigsten Erkenntnisse habe ich hier kurz dargestellt. Wichtige Themen, die jede selbstständige Frau heute herausfordern. Bewusst oder unbewusst.

Mein Tipp: Die Stelle, die dich am meisten ärgert oder die Du ablehnst, ist ein Volltreffer. Hier wartet deine Goldader auf dich. Nimm dir einen Coach und beginne zu graben! Und denke daran, Gold ist die feine Spur zwischen dem Geröll das Du anschaust und aussiebst. Das Zauberwort lautet: LANGMUT.

Das Zauberwort lautet: LANGMUT.

KAPITEL 1

Unsere Herausforderer

Als selbstständige Frau bist Du von vielen Herausforderungen in deinem Leben heimgesucht. Diese haben jedoch einen Sinn! Sie fördern dein Wachstum und dies ist Voraussetzung für das Wachstum deines Business. So werden dir Kurse nicht weiterhelfen, deren Ergebnis du zwar traumhaft findest, deren Startlöcher dir jedoch zu groß sind. Das möchte ich betone! Es geht darum, dass etwas zu dir passt, Kurs oder Mann oder Kunde, nicht anders herum! Ein Wachstum ist sonst nicht möglich, bzw.wird dadurch blockiert.

> Lerne Herausforderungen als Geschenk für deine Entwicklung anzusehen.

Lerne Herausforderungen als Geschenk für deine Entwicklung anzusehen.

Ich will dir zwei häufige Ursachen für Herausforderungen vorstellen. Darauf folgen Kapitel welche dir die Auswirkungen dieser Herausforderungen für dich und dein Business aufzeigen.

Am Ende der Kapitel hast du die Gelegenheit zu Reflektion und Erkenntnis.

Vielleicht ist dir schon aufgefallen, dass diese immer in Form von Menschen auf dich zukommen und zwar dann, wenn du dies gerade überhaupt nicht gebrauchen kannst. Meint zumindest dein Verstand ☺ Die eigentlichen Motoren dafür sind zwei häufige Urängste[1] bei selbstständigen Frauen.

Ungeduld – Die Angst vor Versäumnis[2] oder auch Angst vor Überforderung[3] ist für Personen mit Führungspotenzial die häufigste Angst. Zuverlässig lässt sie dich jedem „nur heute" Angebot hinterherhecheln. Kommt dir bekannt vor? Kommt noch besser: Du bist entweder überpünktlich oder chronisch zu spät. Du hast ein ausgefeiltes Zeitmanagement und hast auch Bücher oder Seminare zum Thema Effizienz besucht. Zeit ist allgegenwärtig in deinem Leben, du könntest gut einen 36-Stunden-Tag gebrauchen. Wenn die Zeit knapp wird, kannst du den General in dir wecken und die Lahmarschigkeit anderer bringt dich zur Weißglut. Manch einer hat dich vielleicht auch schon als Diktator erlebt. Mir selbst wurde bewusst, dass im Zustand dieser Angst, ich in anderen Menschen durch meine bloße Anwesenheit Versagensängste auslöse. Wenn der Aktionseifer und die Arbeitswut komplett übertrieben wurden, kommt die Phase der Scheintoten. Der Rennfahrer in dir hat das Pedal heiß getreten und nun geht nichts mehr. Absolutes Entsetzen macht sich breit. Schamgefühle lähmen noch mehr und wir fallen in einen lethargischen, zuweilen apathischen Zustand, der mit Depression leicht verwechselt wird, damit jedoch nichts zu tun hat.

---

1   (Hasselmann & Schmolke, 2009)

2   (Hasselmann & Schmolke, 2009)

3   (Mahr, 2013)

Goldene Kehrseite der Medaille: Niemand ist mehr befähigt Menschen zu führen, die Führung zu übernehmen, als du! Es ist der **Weg zu Meisterschaft**. Du bist befähigt, diesen zu gehen. Finde den Mittelweg zwischen Depression und Diktatur in dir. Du wirst immer wieder pendeln zwischen diesen Polen, lernen diese zu akzeptieren und leichter wieder loslassen und zurückpendeln. Diese Angst ist der stärkste Motor, den es gibt. Mach dir dies bewusst! Du hast den Ferrari in dir und du lernst, ihn zu fahren. Entspanne dich bei dem Gedanken, dass du für dieses Lernen das ganze Leben Zeit hast, und genieße deine Fahrt.

Mein Tipp: Erkenne deine Zeitdiebe. Melde dich von 99 % aller Newsletter ab, reduziere Social Media auf ein Minimum, kündige deinen Tageszeitungen. Lerne darauf zu vertrauen, dass du nichts versäumst und die wirklich wichtigen Nachrichten dich erreichen werden. Frauentratsch ist schließlich zuverlässig ☺

Selbstverleugnung - Die Angst, welche sich im Businessleben einer Frau nahezu in jeder Ecke bequem einrichtet, ist die Ur-Angst vor Versagen[4] und zeigt sich vor allem als Selbstverleugnung. Dem Leben nicht gewachsen zu sein, nicht zu genügen, davon können viele Leserinnen ein Lied singen. Für mich war es die Angst, die ich nicht annehmen wollte. Umso mehr hat sie mich herausgefordert. Zum einem tarnt sie sich als falsche Bescheidenheit und schwappt dann in die Unterwürfigkeit. Bescheidenheit bei der Auswahl an Kunden, des Honorars oder unserer Ansprüche. Schließlich steht in den Poesiealben der älteren Generation doch immer: „Sei sittsam und bescheiden, dann mag dich jeder leiden" und auch unsere Mütter und Großmütter haben uns dies vorgelebt und erfahren oft katastrophale Konsequenzen einer nicht bewussten Angst in ihrer Rentenzeit.

---

4 (Hasselmann & Schmolke, 2009)

Bescheidenheit will dich lernen lassen zu deinen Wünschen und Bedürfnissen zu stehen, bzw. überhaupt zu spüren und zuzulassen, welche zu haben. Mit dem Verstand lässt es sich so wunderbar auf niedrigem Level einrichten, dass wir uns tugendhaft und klug vorkommen. Wie schon in der Einleitung erwähnt, fühlen wir uns insgeheim gern den Männern überlegen, die viel Geld für ihr „Spielzeug Auto" verwenden. Nein, was sind wir doch anspruchslos dagegen. Als ob eine von uns von Deichmann-Schuhen träumen würde! Aber was wäre, wenn wir uns erlauben würden zu sagen was wir wirklich wollen??

Meist reicht hier der Gedanke an den Neid anderer Frauen um zurückzukehren in Reih und Glied der Truppen der anspruchslosen Frauen. Natürlich läuft dies unbewusst ab, sind wir doch bis zur Perfektion darauf bedacht, keinen Fehler zu machen. Es soll alles RICHTIG sein, keine Kritik zu befürchten, kein Patzer, kein Fleck auf unserem Kleid und deshalb geschieht auch häufig und lange GAR NICHTS. Wir schauen neidisch auf die Werke anderer, die offensichtlich weniger talentiert sind, grämen uns, schämen uns und doch geht es keinen Millimeter vorwärts.

Wir sind die Kandidatinnen, die häufig die Seminarsäle füllen, es gibt an uns viel Geld zu verdienen. Selbstoptimierung ist das Stichwort. Endlich diesen Fleck „ich bin nicht gut genug" in mir auszumerzen. Still und heimlich sind unsere Träume kein bisschen bescheiden, eher leichter Touch von Größenwahn. „Eines Tages komme ich groß raus" und dieser Traum wird mit jeder geplatzten Erwartung größer. An niemanden haben wir derart hohe Erwartungen wie an uns selbst. Sobald ich meine jemandem schildere, beobachte ich mich selbst staunend, genau wie mein Gegenüber. Was ich von mir verlange, würde ich niemanden zumuten. Auch dieses Pendel kann und wird beizeiten umschlagen in eine devote Unterwürfigkeit. Wir lassen uns alles bieten in dieser Phase. Nicht zahlende Kunden. Kunden, die nicht absagen und denen wir nichts berechnen. Offenbar benutzte Ware, die retour gegeben wird. Menschen, die uns in jeder Form auf die Nerven gehen und wir ängstlich harrend hoffen, dass es vorüber geht. Wir fühlen Ohnmacht und kommunizieren als Opfer, was noch mehr vom selben bedeutet und noch mehr Gelegenheit, um ohnmächtig und passiv behandelt zu werden. Geradezu servil sind wir dann. Wir ziehen dazu die optimalen Gelegenheiten an.

Auf dieser niedrigen Schwingungsebene können wir keinen Erfolg anziehen, sondern das, was wir am meisten befürchten: Versagen und Überforderung. Dann hat die Angst Erfolg bei uns und unser Verstand quittiert mit:"Siehste, hab ich's doch gewusst". Kleiner und kleiner machen wir uns, von Wachstum weit entfernt. Die Hoffnung auf Erfüllung unserer Träume rückt in die Ferne, die Inhalte werden dafür umso größer. Mit unendlichem Fleiß und aufgesetzter Liebenswürdigkeit begegnen wir allen und dies ist nur zu kompensieren durch Tratsch und Missgunst. Je mehr wir uns selbst verleugnen, umso mehr muss dieser Schmerz kompensiert werden. Da dies nahezu alle Frauen tun, kann dies doch nicht falsch sein, oder? Lässt sich doch viel leichter das Übel woanders ausmachen. Wird es doch von unseren Perfektionsaugen und Ansichten schnell ausgemacht: Der Mann, der mehr verdient, besser vernetzt zu sein scheint, die besseren Jobs und Ausbildung hatte und auch noch mit so einem pubertären Kinderkram wie Fußball und Autos sich biertrinkend ein schönes Leben machen darf. So laufen wir mit beim Equal Pay day, wir stimmen für die Frauenquote, obwohl wir selbstständig sind, unser Stundenlohn selbst bestimmen können, sollen und dürfen und aus dem Hamsterrad der Angestelltenwelt doch längst ausgestiegen sind. Gern lassen wir uns in dieser Stimmung völlig aus der Bahn werfen und sind anfällig für Networkmarketing und Direktvertriebe. Dort fühlen wir uns insgeheim nicht wohl, haben kein Interesse an der nervigen Akquise, kaufen oft für unser weniges und letztes Geld Pakete von Kosmetika, Töpfen, Nahrungsergänzungen etc. Schließlich stehen doch die offensichtlich Erfolgreichen auf der Bühne und verkünden monatlich die Heilsbotschaft: Du musst es nur wollen, mit Einsatz und Fleiß erreichst du deine Ziele. Die Bilder der Beamer können doch nicht lügen?! Du brauchst Ziele und Träume, und zwar größere als deine bisherigen. Also optimieren wir und erfinden Ziele, von denen wir nicht wussten, dass es sie gab, schließlich haben andere sie auch. Wir sitzen monatlich zwischen Menschen, die wir nicht kennenlernen wollen und oftmals ist uns dann das Auftreten außerhalb der Veranstaltung mindestens unangenehm. Mit nach Hause würden wir sie wohl kaum nehmen wollen. Darf ich so denken, fragst Du dich als Leserin jetzt vielleicht? Ja, darfst Du und es wird auch höchste Zeit! Denn was will diese Angst vor dem Versagen eigentlich in deinem Leben?

Zunächst die schlechte Nachricht: Sie wird treu an deiner Seite bleiben, absolut zuverlässig. Nun die gute: Die Selbstverleugnung will dich auch wachsen lassen, wie jede Urangst auch. Sie ist die Angst des Heilers, sie zeigt dir den **Weg ins Licht.** Sie will dich und deine Potenziale sichtbar machen, von denen du wahrscheinlich eine Menge hast. Sie will, dass Du lernst, zu deiner Einzigartigkeit zu stehen und deinen Teil in die Welt bringst. Du auf deine ganz persönliche und individuelle Art. So wie du gemeint bist. Angefüllt mit der Erfahrung und den Erkenntnissen vieler Leben, die ausgedrückt werden wollen durch deine jetzige Person. Sie will, dass du lernst deinen Platz im Licht einzunehmen, sichtbar zu werden, deine volle Größe zu zeigen und deine innere Schönheit der Welt zur Verfügung zu stellen. Sie ist treu und wird dich immer wieder in Situationen geleiten, wo du dies erkennen und lernen darfst.

Raum für Reflektion und Erkenntnis:

_____

_____

_____

_____

_____

_____

_____

Meine Herausforderung:

_____

_____

_____

_____

_____

_____

_____

Das kann ich umsetzen:

_____

_____

_____

_____

_____

_____

_____

Hierbei nutze ich professionelle Hilfe:

_____

_____

_____

_____

_____

_____

_____

KAPITEL 2

Perfektionismus

Als im Jungfrau-Zeichen geborene, habe ich hier sicher eine besondere Veranlagung. Wenig hat mich in meiner ersten Lebenshälfte so gequält, wie mein innewohnender Perfektionismus. Mit „hat mich gequält" meine ich natürlich: selbst erschaffen. Perfektionismus ist ein Laster wie für andere Menschen das Rauchen. Irgendwie kann Frau ncht lange ohne. Wenn ab der Lebensmitte eine gewisse Gelassenheit oftmals zu beobachten ist, so trifft das jedoch meist nur auf den sichtbaren Aspekt zu. Doch, was steckt eigentlich dahinter? Die Art, viele Dinge 150 prozentig zu erledigen zu wollen, die Art, dadurch erst gar nicht an den Start oder aus den Startblöcken hinaus zu kommen. Die Art, mit Anlauf viele schöne Gelegenheiten zu verpassen, weil sie nicht perfekt erscheinen. Meint wer? Das Plapperstimmchen der Selbstverleugnung in unserem Verstand? Wortreich erklären wir uns selbst und anderen, dass wir nicht, noch nicht, jetzt nicht, fertig etc. sind. Wir diskutieren zwischen unseren beiden Ohren ein Leben lang. Wenn bei Gelegenheiten der Nobelpreis nicht sicher ist, dann lassen wir es gleich ganz. Hart und unbarmherzig unseren Herzenswünschen gegenüber. Wir vergraben sie und leiden daran. So sehr, dass wir dieses Leid nicht mehr spüren möchten, uns von unseren Gefühlen völlig abschneiden und uns komplett auf die Außenwelt konzentrieren. Wir nörgeln über jedes

> Perfektionismus ist ein Laster wie für andere Menschen das Rauchen.

Ergebnis anderer Frauen. Finden treffsicher die unperfekte Stelle an ihr oder dem Universum, wenn keine Frau zur Verfügung steht und vergällen uns bald die Lebensfreude und den Genuss. Ich habe schon x-Artikel über Perfektionismus gelesen, auch jede Menge Tipps dazu, ich glaube nicht, dass ohne das Bewusstwerden der darunter agierenden Versagensangst diese langfristig wirklich greifen werden. Wir ändern nie „einfach mal" irgendeine Gewohnheit. Oder hast du, liebe Leserin, schon mal „einfach so" mit dem Rauchen, TV schauen, Zucker etc. aufgehört?

> Einer Frau wie mir traut niemand Versagensangst zu (ich hätte auch keinen gelassen).

Die Selbstverleugnung ist und bleibt eine der größten Herausforderungen im Leben, ganz besonders in Form des Perfektionismus. Dieses Buch hier wanderte vier Jahre über meinen Schreibtisch. Vor vier Jahren wollte ich mir meine Versagensangst, noch nicht mal mit der Kneifzange, anschauen. Ich hatte Angst vor der Angst.Ich, die als sehr produktive Person wahrgenommen wird, hatte vor allem Angst das Mäntelchen zu öffnen und meine Angst zu zeigen und dafür ausgelacht zu werden. So kannte ich es aus meiner Kindheit. Einer Frau wie mir traut niemand Versagensangst zu (ich hätte auch keinen gelassen). Die perfekte Oberfläche war ein super Schutzpanzer für mich. Schau dir das Buchcover an, ich habe nichts dem Zufall überlassen. Mein nahezu perfektes Äußeres schirmte mich vor allem Unheil, vor allem vor imaginär befürchteter Kritik, ab. Seit ich Kind war, kontrollierte ich mein Äußeres in jedem Schaufenster. „Selbstverliebt" interpretierte meine Mutter dies. Von wegen! Die Kontrolle über die sichtbare Hülle, gesegnet mit kräftigem Haar und guter Figur, war mir in der Pubertät sicher. Ich hatte eine hässliche Blinddarmnarbe, die ich als das Grauen des Makels an mir definierte. Hatte ich doch kein Vertrauen in meine Lernfähigkeit als Schülerin entwickelt, so war mein Äußeres das einzige dem ich sicher vor Kritik sein konnte. Dies fand ein jähes Ende Anfang 20. Nach einer Mandel-OP nahm ich in der Schweiz in drei Monaten 20 kg zu. Zurück Zuhause, wurde ich in meinen Stammkneipen nicht mehr erkannt. Zehn Jahre hob ich meine knallengen Jeans auf, bis ich kurz vor Eröffnung meines Restaurants wieder hineinpasste. Zu dieser Zeit hatte meine andere Angst, die Ungeduld das Sagen. Ich entschied auf Malzeiten zu verzichten, um Zeit einzusparen, damit ich den Eröffnungstermin halten konnte. Ängste setzen eben oft Prioritäten! Mit Perfektionismus sind wir das fleißige Lieschen, wir ackern, wir haben mehrere Hamsterräder parallel. Wir wollen Anerkennung für Fleiß, der nicht gefragt ist, und sind enttäuscht und entrüstet, wenn unser Fleiß nicht zur Kenntnis genommen wird. Dies drücken wir sehr gut über emotionale Erpressung und Gefühligkeit aus.

> **Wir liefern viel zu viel.**

Gerade solche schockartigen Situationen sind oft „nötig" und im Nachhinein segensreich, um uns unser angstgetriebenes Tun vor Augen zu führen. Ach, wie undankbar scheinen doch die anderen! Perfektionismus schaukelt unsere Erwartungen an uns selbst ins Unermessliche. Was im Privaten nur traurig und frustrierend ist, ist im Business eine kostspielige Katastrophe. Wir liefern viel zu viel. Das kann so groteske Züge annehmen, dass wir unsere Kunden damit überfordern und vergraulen. Gleichzeitig wird der Wert unserer Leistung durch den zu geringen Preis verwässert. Over-delivered würden die Amerikaner sagen. Beispiele habe ich bei jeder Klientin gefunden und diese waren immer teuer. Erste Homepage vom Designer, Logo und Briefpapier ebenfalls. Dickes Papier versteht sich. Top Praxiseinrichtung nach Maß, alles farblich abgestimmt versteht sich. Erstes Seminar im Businesshotel abhalten. Preisetiketten mit Logo usw. Das hat alles große Kosten verursacht, bevor der erste Kunde Geld dagelassen hat. Ist das ein Ausdruck von Selbstvertrauen? Nein! Das ist die Angst, so wie wir sind, nicht genug zu sein. Wir glauben beweisen zu müssen, dass wir gut sind. Dafür tun wir lange Zeit alles, unmenschlich gegen uns selbst. An uns finden wir kaum ein gutes Haar. Wir sind auf Selbstoptimierung fokussiert. Eigentlich ganz logisch, dass nebenbei auch der Fokus auf den Kunden verloren gegangen ist, oder? Überdesignte Einrichtungen wirken oft steril, einfach zu perfekt und der Kunde fühlt sich hier nicht wohl, so als normaler unperfekter Mensch mit Wehwehchen, Bedürfnissen, Problemen. Er drückt dies auch nicht direkt aus, sondern bleibt einfach fern, fühlt sich zu klein. Das Tor machen die anderen, den Umsatz auch und wir überlegen in diesem Zustand, was wir verbessern, perfektionieren könnten, um mehr Kunden zu bekommen. Bei Frauen außerordentlich beliebt, ist dann die Weiterbildungsmanie. Kurs an Kurs, jährlich eine neue Ausbildung sind eher die Regel als die Ausnahme. Jedes Mal schwingt die Hoffnung mit, danach gut genug zu sein. Eigentlich lässt sich jede beliebige Homepage in Coaching oder Therapeutenkreise aufrufen. Es findet sich eine Litanei von Aus- und Weiterbildungen, von Beweisen für „schau her, ich kann es". Eine besondere Kategorie sind jene Leidgeprüften, die sich in oder für x-verschiedene Verbände für viel Geld einmal oder wiederkehrend zertifizieren lassen. Return on Invest, wäre jetzt die angebrachte Frage des Bankers. Auf Deutsch: Wann wird sich das eingesetzte Kapital in Form von Geld und Zeit mit Ertrag wieder einspielen? Mir ist noch keine Klientin begegnet,

> Das ist die Angst, so wie wir sind, nicht genug zu sein.

die darauf Antworten hatte. Denn ihre Angst hat gebucht, nicht die Geschäftsfrau. Da meist auch die klare Positionierung fehlt, ist es ein Schuss ins Blaue. Geschäftlich gesehen. Als Mentorin ist mir noch keine Klientin begegnet, die unqualifiziert war. Die Regel ist ein Übermaß an Ausbildungen und Lebens- und Berufserfahrung, welches sich in einem Leben aufgrund der Fülle nicht mehr vermarkten lässt.

Mein einfacher und dringlicher Rat an dieser Stelle: Hör auf mit fachlichen Weiterbildungen. Du brauchst jemanden, der dir zeigt, wie du deine Gaben in die Welt bringst. Behutsam deine Ängste und dein Tempo begleitet. Jede, wirklich jede meiner VIP-Klientinnen kamen während unseres gemeinsamen Jahres ein bis mehrmals mit der Überlegung weitere Kurse zu buchen. Nur durch energische Interventionen meinerseits, konnte dies unterbleiben. Mach dir bewusst: alles was du brauchst, steckt schon in dir. Es will in die Welt!

> Als Mentorin ist mir noch keine Klientin begegnet, die unqualifiziert war.

Raum für Reflektion und Erkenntnis:

_____
_____
_____
_____
_____
_____
_____

Meine Herausforderung:

_____
_____
_____
_____
_____
_____

Das kann ich umsetzen:

_____

_____

_____

_____

_____

_____

_____

Hierbei nutze ich professionelle Hilfe:

_____

_____

_____

_____

_____

_____

_____

KAPITEL 3

80/20 oder wie ich den optimalen Kunden finde

Eines meiner Lieblingsgesetze, das ich in jedem Vortrag anspreche und mit jeder VIP- Klientin gründlich erarbeite, ist das 80/20 oder auch Pareto-Prinzip. Der italienische Ökonom Vilfredo Pareto stellte vor Jahrhunderten an den Bohnen in seinem Garten fest, dass 80 % seiner Ernte von 20 % der Bohnen stammte. Dies erforschte er gründlich und erklärte es zum nahezu allgemeingültigen Prinzip. Hier ist das, was mich an diesem Prinzip so begeistert: Nicht nur eine Analyse im Geschäftsleben ist hierdurch möglich, sondern auch in nahezu allen Bereichen des Lebens.

Wichtig bei der Anwendung des Prinzips ist, dass der Prozentsatz sich ein wenig verschieben kann und dass wir lernen zu erkennen, dies nicht über zu bewerten. Also 5/25 ist genauso aussagefähig wie 89/11 usw. Wie wendest du als Leserin dies nun an? Angenommen du hast 10 Kunden. Du kannst rasch erkennen, dass von diesen 10 zwei dabei sind, also 20 %, mit denen du etwa 80 % deines Umsatzes machst. Also ist es wichtig, dir einen genauen Überblick über deine Kunden zu verschaffen. Was unterscheidet diese zwei von den anderen acht? Es könnte die Häufigkeit ihrer Einkäufe/Buchungen sein, die Höhe ihrer Umsätze. Solche Merkmale kannst du erkennen. Oder sie buchen gern ein Folgeangebot, anders als alle anderen. Am Ende des Kapitels habe ich dir ein Übungsblatt eingerichtet. Hier kannst du die

Erkenntnisse notieren. Als nächsten Punkt können wir sagen, dass 20 % deiner zehn Kunden dir 80 % Arbeitsaufwand verursachen. Also das, was dich aufhält, dich stört, dir schlechte Laune verursacht. Zum Beispiel sie brauchen mindestens eine Mahnung, erscheinen nicht zum Termin, ohne abzusagen, tauschen viel wieder um, rufen ständig an, ohne zu ordern, wollen immer wieder etwas gratis usw. Auch diese Typen und diese Verhaltensweisen möchten wir nicht haben. Eventuell kannst du schon erkennen, dass aus der ersten Auflistung jetzt ein oder zwei Namen auch auf der Liste der übrig gebliebenen zwei der 2. Übung auftauchen. Schau dir diese nun genauer an. Es wird dich vielleicht überraschen, wer das ist. Doch dies ist momentan das Rollenmodell für deinen Ideal- Kunden.

Diese beiden Übungen solltest du auf die Gesamtzahl aller Kunden anwenden, die du bisher hattest. Damit rücken plötzlich die 20 % in deinen Fokus, die für dich besonders wichtig sein sollten. Diese Kunden kennen dich, mögen dich und vertrauen dir. Sie haben gekauft, werden es wieder tun und das ohne dich unnötige, unproduktive Zeit oder Geld zu kosten. Vielleicht hast du jetzt schon die Erkenntnis erlangt, dass du dir viele Kosten und Mühen sparen kannst. Ich weiß, dass dies viel Mut erfordert und spätestens jetzt schreit ja auch die Selbstverleugnung in deinem Kopf herum: Das geht doch nicht, ich kann mich doch nicht von 80 % meiner Kunden trennen. Was für ein Quatsch. Nein, das musst du auch nicht. Das gilt nur, wenn du erfolgreich sein willst und dein Business deine Energie und den Spaß daran steigern soll. Es steht dir aber frei, auf deine Angst zu hören. Ernsthaft: Du brauchst dies nicht heute zu tun, sondern einfach nur so bald wie möglich. Dies geschieht am einfachsten, wenn du deinen Fokus nun auf diese 20 % der Kunden richtest. Welche deiner Angebote/Produkte/Dienstleistungen wurden von 80 % gebucht/gekauft? Und warum? Welche Besonderheiten gibt es hier? Besonders preiswert, besonders ausgefallen, besondere Größe oder welchen Leistungsumfang? Auch das ist ein wichtiges Merkmal. Alle anderen Produkte/Angebote sind zu vernachlässigen! Auf welchem Weg haben 80 % deiner Kunden zu dir gefunden? Flyer, Anzeige, Empfehlung, Social Media? Dies ist dein Weg! Nur Mut liebe Leserin. Vielleicht erlaubst du dir einen Lichtblick wahrzunehmen, der sich hier am Horizont abzeichnet. Deine Welt in einem Jahr vielleicht. Nur noch Kunden, die du magst, die dich und dein Angebot wertschätzen, wieder bei dir kaufen.

> Deine Erschöpfung, Scham und auch deine Frustration liegen hier begraben.

Liebe Leserin, vielleicht jault die Bescheidenheit in dir oder sie kommt mit der Moralkeule daher. Bitte sei dir bewusst, du bist eine Unternehmerin und nicht bei der Heilsarmee angestellt. Diese Schritt für Schritt glasklare Identifikation deiner optimalen Kunden ist das A&O deines Business. Es ist auch nicht so, dass 80 % deiner Kunden falsch, schlecht oder böse sind. Sie sind einfach NICHT die richtigen Kunden für DICH! Es liegt in deiner Verantwortung, mit diesem Wissen nun umzugehen und zu handeln. Schritt für Schritt! Je mehr du dich auf diese 20 % deiner Kunden fokussierst, die die Richtigen sind, desto mehr wirst du solche anziehen! Energie folgt der Aufmerksamkeit. Sei dir bewusst, dass deine Aufmerksamkeit in der Vergangenheit bei den Themen Kunden oder Umsatz stets von deiner Bescheidenheit oder Versagensangst gelenkt wurde. Dies ist nicht die Entscheidungsinstanz, die dich erfolgreich, wohlhabend und entspannt sein lässt, sondern die dich im Beweisen, im Fleissigsein, im Hamsterrad am Laufen gehalten hat. Deine Erschöpfung, Scham und auch deine Frustration liegen hier begraben. Die Frauen, die du bisher beneidet hast um ihr Business, sind nicht unerreichbar toll, sondern haben ihr Business genauso ausgerichtet. Welcher Kunde verdient dich wirklich? Dir diese Frage zu erlauben, ist sehr mutig. Noch tiefer im Nähkästchen finden wir Fragen wie: Kunden, die du nicht wirklich magst aus den vorher erkannten Rubriken - bist du bei denen je zu 100 % bei der Sache gewesen? Sei ehrlich zu dir, liebe Leserin, dies ist die Stunde um Ballast abzuladen und abzuheben. Aus welchem echten Grund hast du Einwände/Sorge, die anderen 80 % gehen zu lassen? Du brauchst sie nicht zu verstoßen. Sie werden von ganz allein gehen, wenn deine Angebote, Zahlungsbedingungen, Preise etc. auf die 20 % ausgerichtet sind. Du teilst dem Universum mit: meine Tür ist geschlossen für Schnorrer, Motzer, Reklamierer. Dies zu erreichen war und ist die Aufgabe der Versagensangst. Sie quält uns, damit wir lernen zu uns zu stehen. Ja zu uns zu sagen. Ja zu unserem Potenzial, das einzigartig ist bei jedem von uns. So ganz nebenbei verschwindet das Konkurrenzdenken, denn wenn du deine Kunden genau erkannt hast, die zu dir passen und dein Angebot auf dich, dein Potenzial und die Bedürfnisse deiner Kunden ausrichtest, wirst du kaum Mitbewerber haben. Jeder ist einzigartig und das eigentliche Angebot bist du, dein Sein, deine Energie. Take care!

Wie ich eingangs versprach, kann das 80/20 Prinzip noch viel mehr: Dein Kleiderschrank enthält z. Bsp. auch Klamotten, von denen du 20 % etwa 80 % der Zeit trägst. Also hängen dort 80 %, die du nicht brauchst und verstellen den Blick auf die 20 %, die du trägst. Das bedeutet auch, dass es dich mehr Zeit kostet, die Kleidung auszuwählen und das diese zerknittert wird von den 80 %. Diese 80 % wiederum passen dir nicht, stehen dir nicht, sind Frustkäufe oder old style. Raus damit. Ich persönlich habe das Prinzip: Für jedes Teil, das neu in meinen Kleiderschrank kommt, muss ein anderes gehen. Die, die gehen, werden a) verkauft b) verschenkt oder c) weggeworfen. Bitte übertrage dieses Bild auf dein Business. Welche Möglichkeiten schlummern hier wohl noch!

Machen wir weiter mit deinem persönlichen Umfeld. 20 % dieser Menschen sind deine Freunde, 80 % zapfen deine Energie ab. Es ist ein tapferer Weg, den du hier in Richtung Freiheit gehen kannst. Das Ergebnis ist ein weit geöffnetes Herz für Menschen, die dir guttun. Es war für mich auch schmerzhaft das allererste Mal durch diesen Prozess zu gehen und ich durfte mit Erstaunen feststellen, welche Menschen aus meinem Leben verschwanden und das ich kurze Zeit später schon nicht mehr an sie dachte. Die, die ich für beste Freundinnen hielt, mit denen gab es in Wirklichkeit keinen Austausch auf Augenhöhe und dies hatte ich auch schon selbst bemerkt. Meine Angst hatte mich jedoch immer wieder Kontakt aufnehmen lassen. Du wirst außerdem angenehm bemerken, dass der Tratsch und die Nörgelei nachlassen. Denn 1. haben die 20 % der Menschen, die mit dir auf Augenhöhe sind, eine Freude daran, dein Wachstum zu erleben und einen echten Austausch mit dir zu führen, also ein Geben und Nehmen. 2. der heimliche Frust, den die 80 % dir beschert haben, ist ja verschwunden, es braucht also keine Kompensation mehr durch Tratsch.

Das 80/20 Prinzip ist ein mächtiges Tool, um in deinem Leben aufzuräumen. Bücher, Newsletter, Abos, Einrichtung, Konto. Die Liste ist lang und mir fallen auch immer wieder Möglichkeiten ein, dieses Prinzip zu nutzen, loszulassen und zu fokussieren. Was funktioniert und was nicht? Stell dir vor, eines Tages so verwegen zu sein und deine Glaubenssätze zu untersuchen nach diesem Prinzip. Ich gebe zu, das ist für Fortgeschrittene und am besten in professioneller Umgebung. Vielleicht magst du gleich das Übungsblatt nutzen, weil dir weitere Ideen kommen.

Bitte sei dir bewusst, dass du in einem fließenden Prozess, genannt Leben, bist. Deine Kunden werden und sollen sich mit dir verändern.

Raum für Reflektion und Erkenntnis:

_____
_____
_____
_____
_____
_____
_____
_____

Meine Herausforderung:

_____
_____
_____
_____
_____
_____
_____
_____

Das kann ich umsetzen:

_____
_____
_____
_____
_____
_____
_____

Hierbei nutze ich professionelle Hilfe:

_____
_____
_____
_____
_____
_____
_____

KAPITEL 4

Kundenavatar

Ein Avatar ist eine Art Modell, ein Stellvertreter für deinen Wunschkunden. Er ist nützlich, um sich in der Gestaltung und Ausrichtung deines Angebots konkret auf eine virtuelle Person fokussieren zu können. Als ein Gegenüber mit allen Attributen, die wesentlich sind. Meine Erfahrung ist hier, dass dies ein Prozess ist und kein statisches Objekt. Je mehr du deinen Wunschkunden erkennst, wird sich der Avatar verdichten und plastisch werden. Je weiter deine Entwicklung voranschreitet, wirst du dein Angebot tunen und sich eventuell auch deine Wünsche an die Kandidaten deiner Wahl verändern. Will heißen: Auch ich habe nicht mehr den gleichen Avatar wie vor 10 Jahren.

Beginne am besten auf einem Blatt und erstelle die Merkmale, die dir im Kapitel „Wunschkunden" bereits klar geworden sind. Wichtig ist, bei allen Punkten aufmerksam sein und auf dein Gefühl zu hören, nicht auf die Bedenken des Verstandes.

Zu guter Letzt wird dir das Kapitel „Trends" noch einmal klar werden lassen, ob es ein wachsender Markt ist oder nicht.

Beginne mit den einfachen Attributen und Merkmalen: Geschlecht, Alter, Größe und Gewicht, Krankheiten, Wohnort, Bildung, Kindheit, Vorlieben, Süchte, Haustiere, Beziehungsstatus, Vermögensstand, Kinder, Freundeskreis, Hobbys, Beruf, Beschäftigungsstatus,

Lieblingsreiseziel, Ängste, Probleme, hinderliche Verhaltensweisen, größter Wunsch, Einkommen, Social Media, Lebenseinstellung, Kleidungsstil, Essgewohnheiten, Ausgehverhalten, Auto, Religion, Farben, Reisefreudigkeit, Seminarerfahrung.

Nicht alle Faktoren spielen eine Rolle, es ist jedoch hilfreich möglichst alle zu kennen.

Umso mehr und besser kannst du dich in die Person einfühlen.

Einmalige Gratis Gelegenheit.
Finde die Lösung Deiner Frage in 30 Minuten Wert: 197 Euro

Raum für Reflektion und Erkenntnis:

_____

_____

_____

_____

_____

_____

_____

Meine Herausforderung:

_____

_____

_____

_____

_____

_____

_____

Das kann ich umsetzen:

_____
_____
_____
_____
_____
_____
_____

Hierbei nutze ich professionelle Hilfe:

_____
_____
_____
_____
_____
_____
_____

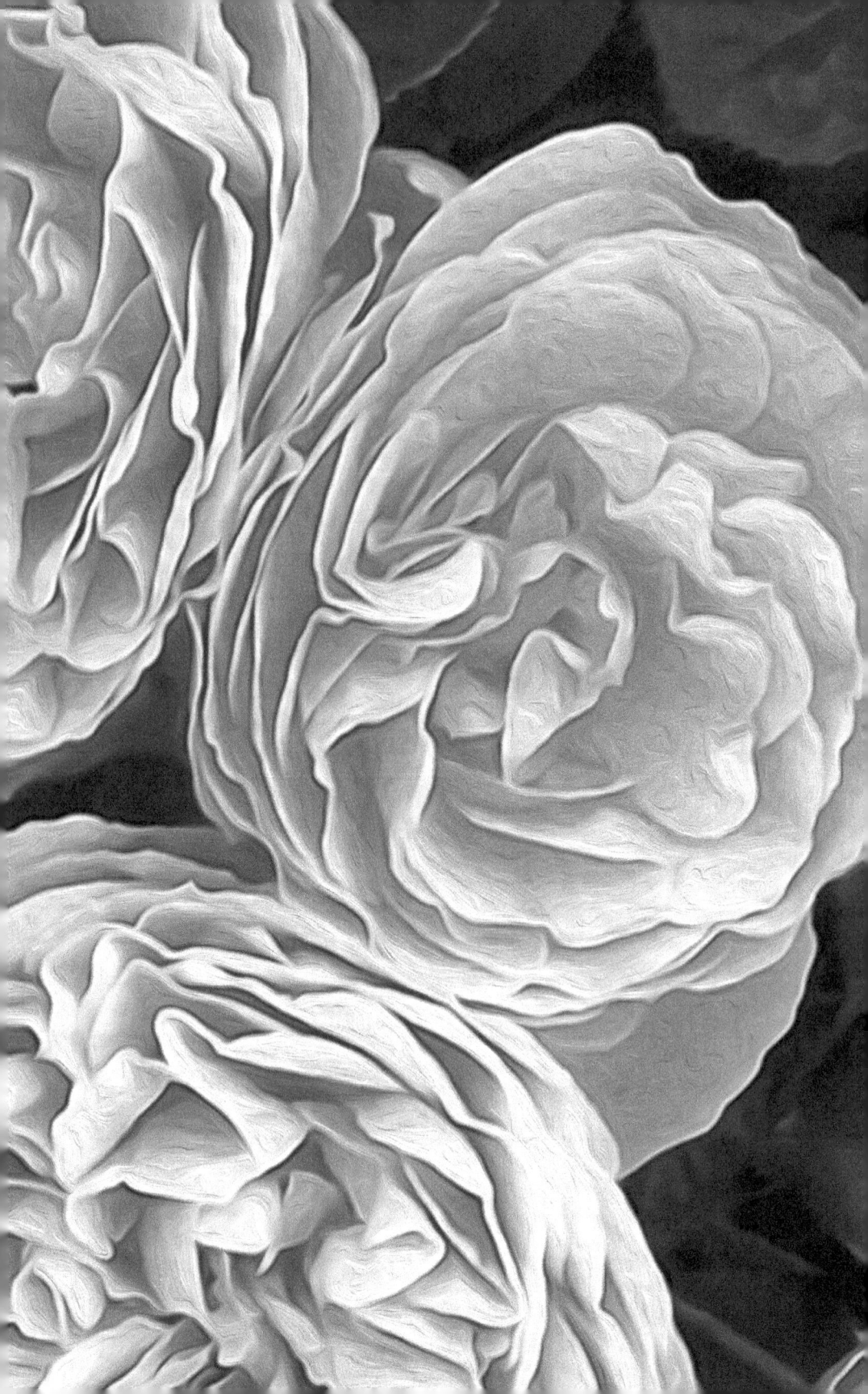

KAPITEL 5

Megatrends des 21. Jahrhunderts

Nachdem wir uns mit unserem Wunschkunden beschäftigt haben und du vielleicht schon mit der Erstellung eines Avatars begonnen hast, möchte ich deinen Blick noch auf eine höhere Ebene bringen. Bei allem wichtigen Wunschdenken und Analysieren ist ebenso wichtig zu erkennen und zu wissen, ob dein Business eine Zukunft haben kann.

Ja, du liest richtig: Eine Zukunft haben kann. Du musst wissen, ob du dich im richtigen Markt bewegst. Ein Markt ist ähnlich zu betrachten wie ein Teich. In welchen Teich hältst du deine Angel? Ist es ein Teich mit Zukunft? Gibt es außer dir noch viele Angler? Es gibt Teiche, da stehen viele Angler und es gibt nur wenige Fische darin. Viel Angebot, wenig Nachfrage. Nicht unbedingt von gestern auf heute, jedoch mit steigender Tendenz. Es gibt auch Teiche, die sind leergefischt, oder die Fische gestorben. Und dann gibt es Teiche, die noch nicht entdeckt worden sind mit vielen Fischen oder die Besten - Teiche mit ausreichender Anzahl nachwachsender Jungfische, sowie eine bunte Mischung Angler

> Bei allem wichtigen Wunschdenken und Analysieren ist ebenso wichtig zu erkennen und zu wissen, ob dein Business eine Zukunft haben kann.

und für dich ein Platz zwischen ihnen. Solch einen Teich möchte ich als Trendmarkt bezeichnen. Trends gibt es viele und unter diesen gibt es immer einige Megatrends. Bedeutet hier, dieser Teich ist sehr voll mit Fischen, starkem Nachwuchs auf lange Zeit. Ein ideales Angelplätzchen für dich.

Welche Trends sind das nun?

Einer der größten Megatrends des 21. Jahrhunderts sind/ist die Frau.

Nie zuvor haben wir Frauen uns derart auf allen Ebenen unseren Platz gesucht und bestimmen den Markt dadurch. Wir verfügen über Geld, beginnen uns für Geld zu interessieren. Wir streifen Tabus ab, erobern Vorstände, die Weltpolitik. Wir geben Milliarden für unsere Selbstzweifel in Form von Kosmetik aus und bald oder schon jetzt, um diese abzustreifen. Es gibt fast nichts mehr außerhalb unserer beiden Ohren, was uns aufhalten kann in der westlichen Hemisphäre und andere Erdteile folgen rasant. Auch in anderen Kulturen haben Frauen die Schnauze voll von Beschneidung, Schleier, in der 2. Reihe gehen, keine Bildung genießen. Neue Märkte erscheinen, Kaufkraft erwacht.

> Einer der größten Megatrends des 21. Jahrhunderts sind/ ist die Frau.

Als zweiter großer Markt ist die sich bewegende Weltbevölkerung zu betrachten. Nie zuvor waren so viele Menschen auf der Flucht, bewegten sich von einer Kultur in die nächste. Kriege, Despoten, Dürre sind große Treiber in dieser Zeit. Ich bin immer noch perplex zu hören, welche Summen Menschen aufbringen müssen und können, die normalerweise von der Hand in den Mund leben, um einen Schlepper zu bezahlen. Bitte verstehe mich richtig: Das ist ein schmutziges Geschäft mit der Not. Ich will dir nur verdeutlichen, dass hier viel Geld fließt, wo wir keins vermuten. Diese Menschen, die auf der Flucht sind, sind müde von Krieg und Zerstörung und hungrig nach Leben, wollen sich entwickeln, haben Nachholbedürfnisse und dieser Markt ist groß, mit Nachfrage nach immer breiteren und tiefer werdenden Angeboten.

Spiritualität ist ein weiterer boomender Trendmarkt. Menschen sind überall auf der Welt auf der Suche. Die Komplexität, die unsere Welt und die mögliche Individualisierung darstellt, verunsichert viele Menschen. Sie suchen Halt, den unsere Religionen nicht bieten, da sie traditionell Altes bewahren und kaum oder keine Trostangebote für die meisten Suchenden bieten. Östliche Traditionen erfahren einen großen Zulauf. Esoterik boomt wie nie zuvor. Menschen ist mehr und mehr klar, dass ein neues Auto und schicke Klamotten keinen Halt für ihre Probleme bieten. Die Suche wendet sich mehr und mehr nach innen. Wahrsager und Kartenleger oder Onlineportale haben zweistellige Zuwachsraten und Umsätze im dreistelligen Millionenbereich in Deutschland. Keine Buchsparte explodiert mehr als die Esoterik. Waren Männer früher als „Quote" vertreten auf Seminaren, so ändert sich dies kontinuierlich.

Kurz anreißen möchte ich den Megatrend des Seniorenmarktes. Vollautomatischer Nachwuchs ☺ Die jetzige Seniorengeneration ist im hohen Maße, wie vielleicht nie wieder, liquide. Will nachholen, will genießen. Fühlt sich dynamisch, möchte vital bleiben. Ich kenne 70-Jährige, die mit dem Mountainbike auf Kreta unterwegs sind, 75-Jährige, die sich wöchentlich Vorlesungen an der Universität anhören und 91jährige

> Spiritualität ist ein weiterer boomender Trendmarkt.

47

welche ihre eigene Praxis betreiben. Viele wollen ihre ganz eigenen Herausforderungen und Begrenzungen haben, die eins bedeuten: Markt und Möglichkeiten für diejenige, die klar positioniert ist.

Wie findest du heraus, ob dein Angebot in einem Markt der Zukunft platziert ist? Ob der Teich noch lange genug Fische bereithält?

Im Zeitalter von Google ist dies gar nicht mehr so schwer. Zunächst kannst du die Suchmaschine selbst befragen. Z. B. den Keywordplaner, der kostenlos ist. Hier erfährst du, wie oft von dir verwendete Begriffe monatlich nachgefragt werden. Wie viele Mitbewerber es gibt, ob der Wettbewerb hoch oder gering ist. Dies gibt schon teilweise konkrete Hinweise für einen Markt oder auch für die Nische in einem Markt. Als Zweites kommt das Bundesministerium für Wirtschaft infrage, genauso wie die regionalen IHKs. Fachzeitschriften deiner Branche - gibt es diese? Verbände und ihre Internetseiten, Jahresberichte, Foren geben Auskunft, sowie statistische Erhebungen, z. B. Statista. Manches ist gratis, manche gut recherchierte Tabelle ist zu erwerben. Ganz einfach: Frag Anbieter in einer anderen Stadt. Du bist keine Konkurrenz.

> Viele wollen ihre ganz eigenen Herausforderungen und Begrenzungen haben, die eins bedeuten: Markt und Möglichkeiten für diejenige, die klar positioniert ist.

Eine weitere gute Recherchemöglichkeit sind die unzähligen Facebook-Gruppen. Über die interne Suchmaschine kannst du Schlagwörter eingeben und sie nach Gruppen selektieren lassen. Diese gibt's für jedes Thema und für viele Berufe bzw. Märkte. Spätestens dein Banker will wissen, ob das, was du vorhast, eine Zukunft hat. Das sollte dich also mindestens ebenso interessieren und unvorbereitet bei einer Bank zu erscheinen, ist hoffentlich nicht deine Idee.

Raum für Reflektion und Erkenntnis:

_____

_____

_____

_____

_____

_____

_____

_____

Meine Herausforderung:

_____

_____

_____

_____

_____

_____

_____

_____

Das kann ich umsetzen:

_____

_____

_____

_____

_____

_____

_____

Hierbei nutze ich professionelle Hilfe:

_____

_____

_____

_____

_____

_____

_____

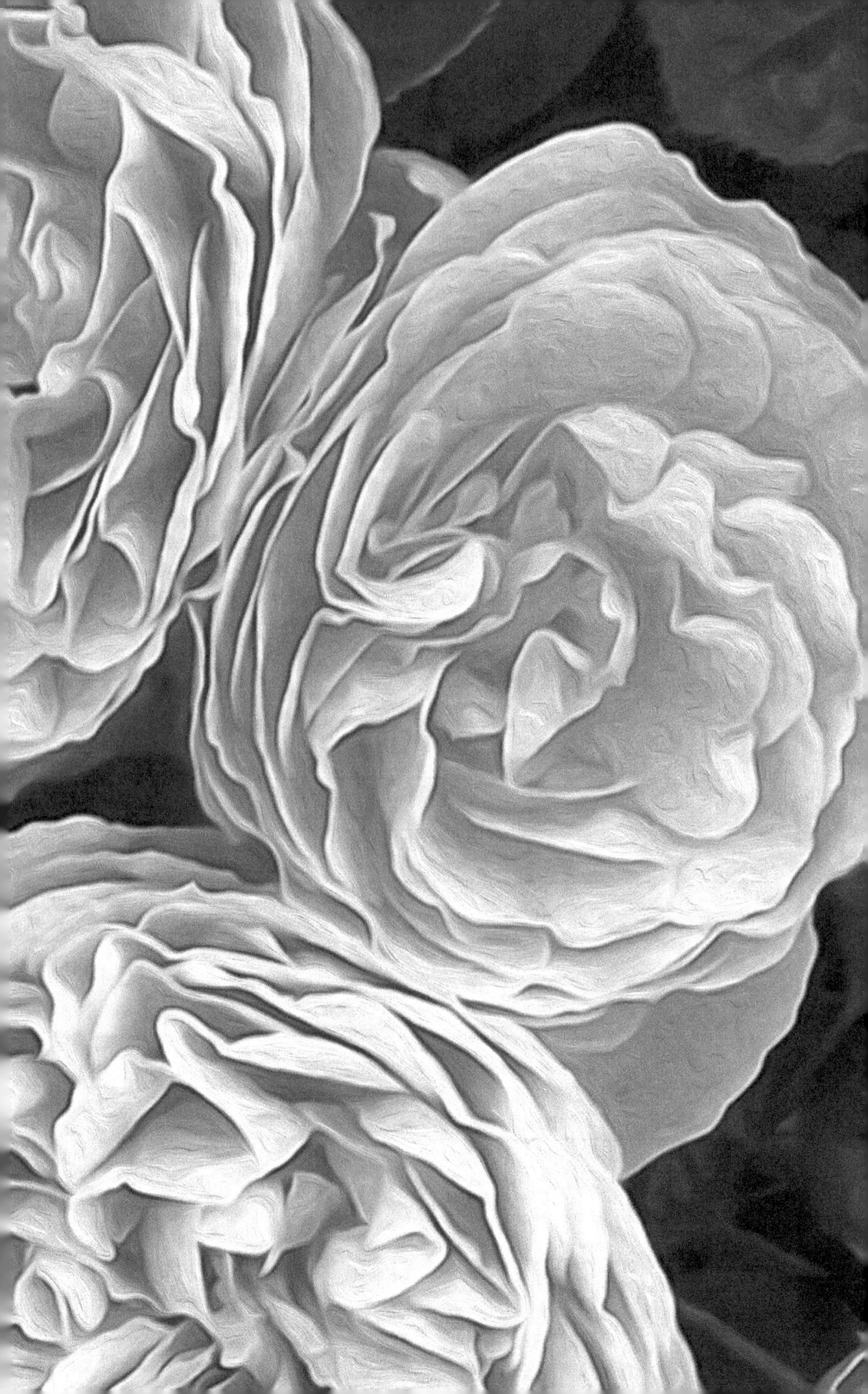

KAPITEL 6

Wissen ist das neue Geld

Zu Zeiten der Entstehung dieses Buches ist der Niedrigzins in der europäischen Region seit Jahren etabliert. Das bedeutet für die meisten meiner Leserinnen, dass Sparen eine Vernichtung von Kapital bedeutet, denn der Bankzins liegt unter der Inflationsrate. Was also tun? Gleichzeitig haben die Möglichkeiten des digitalen Zeitalters rasant zugenommen und mit ihm die Gelegenheiten, die sich jetzt verschoben haben. Auch wenn dies von einer Minderheit schon genutzt und angeboten wird, so ist diese doch nach wie vor klein und die echte Ressource wird dabei oft nicht gesehen. Wir haben im Laufe unseres Lebens eine große Menge Wissen und Bildung zwischen unseren beiden Ohren angehäuft und sind häufig regelmäßig auf Seminaren zu finden. Die Selbstverleugnung hat schließlich den stetigen Wunsch nach Selbstoptimierung. Dazu kommt eine große Portion Erfahrung durch die Höhen und Tiefen dieses Lebens. All dies stellt einen unglaublichen Schatz dar, der gehoben und geteilt werden will. Nie war dies leichter, als im digitalen Zeitalter. Selbstverständlich nutzen wir täglich Wikipedia ohne uns zu fragen, woher kommt der Inhalt.

Weitgehend unbekannt die Möglichkeiten, die für unser eigenes Wissen zur Verfügung steht. Gleichwohl steht es mit unserer finanziellen Bildung. 85 % der selbstständigen Frauen glauben oder wissen, dass sie im Alter von Armut bedroht sein werden. Nicht viel weniger träumen Fantasien von einem Ruhestand mit 65 Jahren. Das ist mehr als unwahrscheinlich und auch wenig erklärlich. Warum und wozu, denn die gleiche Frau wird mit ziemlicher Wahrscheinlichkeit 90 Jahre und älter. Was denn tun den lieben langen Tag ohne Geld und Aufgabe? Häufig kommt an der Stelle der Einwand, dann widme ich mich Hilfsprojekten, ehrenamtlich. Warum denn eigentlich? Graben wir tief genug, stoßen wir auf den Wunsch andere zu unterstützen, uns einzubringen, hilfreich zu sein und GEBRAUCHT ZU WERDEN! Also wieder die komplette Palette der Bescheidenheit.

> Die Selbstverleugnung hat schließlich den stetigen Wunsch nach Selbstoptimierung.

Die Formel dafür lautet: *Ich habe keine Ahnung was ich tun soll x ich glaube, ich weiß nicht genug.* Die übrigens allgemeingültige Formel bei fast allen Frauen, die zu wenig verdienen und brav ihrer Selbstverleugnung folgen.

Absolute Priorität sollte in unserem Alter der Aufbau von Vermögen haben. Dafür bedarf es der fehlenden Bildung über Geld und Möglichkeiten. Den Unterschied zwischen Vermögen und Verbindlichkeit, die Erkenntnis, welche Gelegenheit lukrativ ist und wie ich dies herausfinde. Wir alle sind mit den Tabus über Geld aufgewachsen und wir alle haben die Pflicht wohlhabend zu sein. Unsere Möglichkeiten waren nie größer und die plausible Erklärung/Entscheidung, weshalb die nachfolgende Generation uns durchfüttern soll, nie kleiner.

Meine eigene Vorstellung hat sich vor allem durch das Investment und Finanzspiel „Cashflow 101" von Robert Kiyosaki[5] und seiner Frau Kim geändert. So wie wir im Spiel handeln, so ist es auch im

---

5   (Kyosaki & Lechter, Sharon L., 2006)

realen Leben. Ein Brettspiel, welches regelmäßig über ein Jahr gespielt wird, der wahre Turbo für deine finanzielle Situation sein kann. Mit spielerischer Leichtigkeit lernte ich, wie ich wirklich über Geld dachte und welche Konsequenzen dies im Leben hat. Wann immer ich dieses Spiel mit anderen Frauen gespielt habe, war die Begeisterung und das Staunen groß. Der unangenehme Schritt zu den ungeliebten Finanzen, den großen Schatten anschauen, mittels Spiels in geselliger Runde mit anderen Frauen brachte frischen Wind in eingestaubte Vorstellungen. Und rasch danach den Blick auf Vermögenswerte, die Basis von Wohlstand. Die Zutaten für Vermögenswerte trägt jede Leserin unbewusst mit sich herum. Die eingangs beschriebenen Werte: Wissen, Bildung, Erfahrung. Der Hebel hierfür ist die digitale Welt. Denn dank Google sind wir nun einen Klick von unseren Kunden entfernt. Jedes Wissen lässt sich heute in der passenden Form digital verarbeiten und damit einen ungeahnten Wertschöpfungsprozess erschaffen. Sei es ein E-Book, ein Videokurs, ein Podcast, ein Webinar, die Möglichkeiten sind unbegrenzt und variabel zu gestalten. Immer und immer wieder. Individuell wie nie zuvor passend für dich und dein Publikum. Auch mir macht es große Freude, meine Klientinnen in ihre ganz eigene Form von Vermögenswert zu führen und sie bei der Gestaltung und Kombination neuer Möglichkeiten zu unterstützen. Hier haben wir die Möglichkeit unser Wissen in Wert zu verwandeln, der eine sichere Basis für Wohlstand ist. Die Höhe der Zinsen ist uns überlassen, unabhängig von Banken, ohne Kredite. Der Gestaltung und unserem Einkommen sind keine Grenzen gesetzt und es ist allerhöchste Zeit dies zu nutzen, unser Wissen mit der Welt zu teilen. Es ist deine Pflicht wohlhabend zu sein.

85 % der selbstständigen Frauen glauben oder wissen, dass sie im Alter von Armut bedroht sein werden.

Raum für Reflektion und Erkenntnis:

_____

_____

_____

_____

_____

_____

_____

Meine Herausforderung:

_____

_____

_____

_____

_____

_____

_____

Das kann ich umsetzen:

_____

_____

_____

_____

_____

_____

_____

Hierbei nutze ich professionelle Hilfe:

_____

_____

_____

_____

_____

_____

_____

KAPITEL 7

Konkurrenz vs. Kooperation

Auch wenn wir glauben alleine alles am besten zu können, so liegen doch entscheidende Hebel in der Zusammenarbeit mit Anderen. Dies kann zu einer wertvollen Geschichte mit fruchtbaren Ergebnissen führen. Voraussetzung dafür: jede Partizipierende ist positioniert, d.h. sie kennt ihre Nische, hat eine genaue Vorstellung ihres Wunschkunden, klar abgegrenzte Produkte - die Mischung für eine geschäftliche Lovestory, jedoch unter Frauen recht selten anzutreffen. Du ahnst vielleicht schon: Hier spielt uns die Versagensangst nicht mit. Einerseits ist es wichtig die oben beschriebenen Punkte für sich zu erarbeiten, denn sonst ist es ja gar nicht möglich zu schauen, wer hat die gleiche Zielgruppe und doch andere Angebote/Branche etc. Aus dieser Position heraus fühlst du dich stark mit festem Fundament.

Andererseits haben wir bei Versagensangst schon von vornhinein die Scheuklappen auf. Neid und Missgunst verunmöglichen es, in anderen Frauen etwas anderes als Konkurrenz zu sehen. Folgende Situation ist dir sicherlich bekannt: Du triffst auf eine Gruppe andere Frauen, z. B. auf einer Party. Sofort mustern wir intensiv unser Gegenüber und checken diese nach dem Muster „besser/ schlechter als ich" ab. Damit ist das Kind schon in den Brunnen gefallen! Erfolgreiche Frauen suchen sich die augenscheinlich stärkste Ausstrahlung aus in der Gruppe und suchen das Gespräch. Welche

Potenziale hat die Andere, die sich mit meinen Verbinden lassen? 1+1=3 lautet die Formel für Kooperation. Offenes auf Augenhöhe austauschen. Zahlen, Daten, Möglichkeiten.

Laut dem Pareto Prinzip finden sich diese in den 20 % einer Gruppe von Frauen. Die gilt es zu erkennen. Die 20 %, die zu dir passen. Genauso finden sich die 20 %, die zu dir als Kundinnen passen. Das sind die vermutlich Schwächeren, die jedoch weder unsere Verachtung und Geringschätzung brauchen noch unsere gratis Bevormundung. Netzwerken ist das Zauberwort. Online in Social-Media-Portalen, offline in und auf allerlei Treffen, Meetings, Meetups, Vorträge, etc. Voraussetzung ist auch hier: Kenne deine Wunschkundin und finde heraus, wo sie sich aufhält. Deine potenziellen Kooperationspartnerinnen könnten sich möglicherweise woanders aufhalten.

> Neid und Missgunst verunmöglichen es, in anderen Frauen etwas anderes als Konkurrenz zu sehen.

Portale könnten sein: Facebook, Meetup, Xing, LinkedIn, regionale Frauenverbände, IHK, Frauenmessen. Viele sind auf Social Media vertreten und organisieren dort auch die Liste ihrer Termine.

Netzwerken bedeutet jedoch Kontaktaufbau. In meiner Zeit als Bundesvorstand und Mitglied des Verbands selbstständiger Frauen ist mir ein Phänomen immer wieder begegnet: Frauen zahlen Beiträge und kommen nicht, melden sich an und kommen nicht. Kommen zum Treffen und sind nicht vorbereitet, haben keine Visitenkarten dabei und fragen selten nach der des Gegenübers. Wenn ja, hörst du nach der Veranstaltung nie wieder von ihnen. Oder sie fallen noch beim Händeschütteln mit der Tür ins Haus. Meist kommen sie dann frisch von einer Networkmarketingschulung. Aufdringlich und übergriffig.

An Kooperationen oder Kontakten sind sie nicht interessiert, sondern wollen dich beschwatzen mit Produkt XY. Hier erfährst du an der eigenen Person, wie unangenehm es ist, wenn dein Gegenüber vor lauter Angst nur noch auf dich und jeden anderen einredet. Kein Austausch, eine Einbahnstraße mit Sackgasse. Hier hilft nur ein bestimmtes „War nett, dass wir uns kennengelernt haben.".

> Take it easy,
> entspanne dich:
> Niemand außer
> dir selbst hat
> Erwartungen an dich.

Verschaffe dir Klarheit vor dem Investment deiner Zeit, Klarheit wonach du Ausschau hältst, habe Visitenkarten dabei, kleide dich für ein Businesstreffen, sammle Visitenkarten ein, beobachte dich selbst: „Checkst" du die anderen Frauen nur ab oder bist du offen für Kontakt? Kundenakquise verläuft immer nach den gleichen Schritten: 1. Sie kennen mich 2. Sie mögen mich 3. Sie vertrauen mir. Nur der erste Schritt, das Kennenlernen, findet beim ersten Treffen statt. Für den 2. Schritt ist es unerlässlich, dass du handlungsfähig bleibst: Du hast die Visitenkarte deines Gegenübers, vorausgesetzt er passt zu dir als Wunschkunde/Kooperationspartner.

> Deine Angst gehört
> zu dir wie deine
> Potenziale.

Eine große Überwindung kostet es die meisten Frauen mit Versagensängsten, sich überhaupt zu zeigen, da ihre zu hohen Erwartungen an sich selbst, sie in ein Korsett zwängen, das ihnen kaum Handlungsspielraum lässt. Take it easy, entspanne dich: Niemand außer dir selbst hat Erwartungen an dich. Du musst niemanden kennenlernen und kannst dich in deinem Tempo an solche Auftritte gewöhnen. Genieße es! Wichtig ist zunächst, dir darüber bewusst zu werden, dass solange du deiner Angst gestattest gar nicht voranzugehen, bzw. andere Frauen wie eingangs beschrieben als Konkurrenz betrachtest, wird nicht viel geschehen in deinem Businessleben. Ich habe es mir eine Zeit lang erlaubt, meine Versagensangst quasi als Türöffner zu benutzen. Schon in der Vorstellungsrunde habe ich sie thematisiert: „Ich heiße Esther Wasser, bin Businesscoach und meine größte Hemmschwelle ist meine Versagensangst.". Das, was ich vorher verborgen hatte, der große Schatten in meinem Leben, machte mich menschlich und zugängig und der Frosch im Hals war ausgespuckt. Ich habe erstaunliche Erfahrungen dabei gemacht. Ungläubiges Staunen meiner Gegenüber. Zu deiner Angst zu stehen, ist ein Zeichen von Stärke und setzt erhebliche Energie frei - ja du erlebst geradezu einen Schub nach vorn. Deinem Gegenüber erteilst du die Erlaubnis, sich zu entspannen und sofort auf dich zuzukommen. Deine Angst gehört zu dir wie deine Potenziale. Du bestimmst, wer in deinem Business die Richtung vorgibt.

Raum für Reflektion und Erkenntnis:

_____

_____

_____

_____

_____

_____

_____

Meine Herausforderung:

_____

_____

_____

_____

_____

_____

_____

Das kann ich umsetzen:

_____

_____

_____

_____

_____

_____

_____

Hierbei nutze ich professionelle Hilfe:

_____

_____

_____

_____

_____

_____

_____

KAPITEL 8

Ziele

Vielleicht denkst du, liebe Leserin, beim Lesen dieses Titels: „Das muss ich auch mehr beherzigen." oder dein Magenbereich/ Solarplexus zieht sich merkbar zusammen. So erging es mir 50 Jahre lang. Ich habe mich gepeinigt, in meinen Coaching Ausbildungen, durch immer größere, absurdere Ziele. Meine Selbstverleugnung wollte dem Ausbilder gefallen, mein Fleiß sollte dokumentiert sein. Viele Klientinnen habe ich erlebt, die Ziele als traumatisch erlebt haben. Angefangen vom Neujahr, mit den guten Vorsätzen, jedes Jahr wieder, zum gleichen Zeitpunkt. Fast keine Coaching Seite kommt ohne Ziele aus, Seminare an jeder Ecke. „Zielsetzung" führt angeblich ins gelobte Land- Pustekuchen. Je mehr Ziele sich die meisten Frauen setzen, umso mehr verlieren sie sich im Hamsterrad, schämen sich still und heimlich der nicht erreichten Ziele. Anstatt sichtbar zu werden, immer blasser. Oft völlig illusorisch große Ziele. Ja, du sollst groß denken, heißt es. Träume sollen wahr werden, Hindernisse überwunden, wenn du dich nur genug anstrengst und dir Mühe gibst. Also mühsam und anstrengend. Du wirst keine Pflanze auf dem Planeten finden, die mühsam und anstrengend zur Blüte kommt. Die heutzutage gesellschaftlich vorherrschende Ziele-Inflation, gehen einher mit der Burnout-Statistik.

Dieser Wind kommt aus dem Western, ist bei uns auch moralisch verankert. Wer keine Ziele hat, der muss doch faul und träge sein, oder? Wer will das schon, denn dies bedeutet den gesellschaftlichen Ausschluss. In letzter Konsequenz Alleinsein und Sterben. Das ist für Menschen mit der Urangst des Versagens unerträglich. Schließlich mühen sie sich ab, durch Fleiß und Nett sein dazuzugehören. Menschen, mit Ungeduld, der Angst des Versäumens, sind durchgetaktet in ihren Zeit- und Zielplänen und planen bis ins übernächste Jahr jede Minute akribisch. Doch diese Ängste sind deine Herausforderer, sie wollen deine Entwicklung zu eigener persönlicher Autonomie und Souveränität fördern und fordern, sie wollen dein Selbstvertrauen und Selbstbewusstsein erwecken. Es sind wohl nur ca. 25% aller Menschen, für die das Setzen von Zielen sinnvoll ist. Ich war zunächst ungläubig, wenn ich denn das Zielesetzen aufgeben würde. Der Verstand ist kurz vor „ERROR"-Zustand und doch hatte ich ein klares „JA" zu meiner eigenen, selbst gefühlten Taktgebung. Ich probierte dies im Privaten aus. Als erstes habe ich den Wecker abgeschafft. Im Sommer wachte ich mit den Vögeln und dem beginnenden Tag auf und im Winter auch. Das kann also um 5 Uhr oder um 8 Uhr sein. Was habe ich mich früher darüber geärgert! Diese scheinbare Zeitverschwendung jeden Morgen. Die Rollläden hochzuziehen und zu erkennen, dass der Nachbar sich schon zum Auto bewegt, früher konnte ich mir dadurch den Tag verderben bevor er angefangen hat. Ich probierte alle möglichen Arten von Selbstoptimierung aus. In diesen Phasen war ich dann beim Einschlafen total verspannt oder fand erst Stunden später in den Schlaf.

> Du wirst keine Pflanze auf dem Planeten finden, die mühsam und anstrengend zur Blüte kommt.

Es kostete einige Überwindung innerer Kämpfe, bis ich den ausgeschalteten Wecker und mein individuelles Aufstehen genießen konnte. Genießen und mir erlauben konnte, individuell meine persönliche Aufwachzeit zu haben. Ganz wichtig erachte ich es, diese Veränderungen im Kleinen zu beginnen. Danach nur noch auf notwendige, verbindliche Zeitpunkte einzulassen, Termine mit Klientinnen, Zahnarzt, konkretes Telefonat, und mir auch zu erlauben Termine rechtzeitig wieder abzusagen, mehr und mehr darauf zu vertrauen, in einen ganz eigenen Flow zu kommen, den ich nicht kannte.

Ob du zu den 25% oder den 75%, für die Ziele eher zu Schuld- und Schamgefühlen führen gehörst, kannst du im Human Design System (HDS) herausfinden und dir als Begleitung der Umsetzung einen Coach oder Mentor zur Seite nehmen.

Meine Erfahrung in meiner eigenen Umsetzung und mit Klientinnen ist, dass es zu wesentlichen Energiefreisetzungen und mehr Lebensfreude führt und die ein langjähriger, mutiger Prozess ist.

> Es sind wohl nur ca. 25% aller Menschen, für die das Setzen von Zielen sinnvoll ist.

Raum für Reflektion und Erkenntnis:

_____

_____

_____

_____

_____

_____

_____

_____

Meine Herausforderung:

_____

_____

_____

_____

_____

_____

_____

_____

Das kann ich umsetzen:

_____

_____

_____

_____

_____

_____

_____

Hierbei nutze ich professionelle Hilfe:

_____

_____

_____

_____

_____

_____

_____

KAPITEL 9

Vitalität

Nach einem Burn-out habe ich mehr oder weniger häufig und unbewusst begonnen, mich für Entspannung und zunehmende Vitalität zu interessieren. So war es eine Yogagruppenstunde der VHS, denn damals war Yoga noch nicht annähernd so populär wie heute, die mir eine Richtung zeigte. Meine damalige Psychotherapeutin konnte genau feststellen, ob ich vor der Sitzung mit ihr im Yogaunterricht gewesen war oder nicht. Es folgten zwei Jahre wöchentlicher Einzelunterricht und Impulse für Ayurveda. Ein Wellnesswochenende in der renommierten Bad Emser Klinik, wo ich erleben durfte nach der ersten Vata Abhyanga Massage langsamer zu sprechen und zu gehen. Dazu die wunderbaren Düfte und leckeren Speisen. Ich war infiziert und Ayurveda hat mich nie wieder losgelassen. Die einzige Möglichkeit jeden Menschen höchst individuell zu sehen und entsprechend individuell zu behandeln, zu ernähren, wirkte auch bei mir. Ich hatte ja gar keine Idee mehr, wie leer und ausgebeutet mein Körper, Geist und Psyche waren. Ungeduld und Selbstverleugnung stellen mich bis heute auf die Zerreißprobe, damals zerrissen sie mich. Regelmäßig für mich warmes frisches Essen zu zubereiten, einen ruhigen Tagesablauf zu gestalten, ist die Basis meines geschaffenen Fundaments. Schlaf zur richtigen Zeit, aufwachen ohne Wecker, die Kraft des weiblichen Zyklus nutzen und verstehen wann und wozu wir Frauen besondere Schonphasen haben und nutzen sollten, tragen und stabilisieren meine Kräfte. Ein völlig neuer Blick auf die Zusammenhänge des Universums durch das Studieren jahrtausenderalter Weisheiten gab auch meinem damals beginnenden spirituellen Interesse entsprechende Nahrung.

Eine besondere Erfahrung war meine erste ayurvedische Pancha-Karma Kur. Das Gefühl nach 14 Tagen runderneuert zu sein, ohne zu darben ist unvergleichlich. Die Heilung setzt bei achtsamer Fortführung im Alltag weiter fort und so erkannte ich Wirk-Zusammenhänge im Körper, deren Signale ich heute kenne und befolge. Ayurveda ist sanft und ganzheitlich. Was gibt es Köstlicheres, als beim Essen zu lernen, dass „bitter" genauso dazugehört wie „süß", beide allein die Nahrung und das Leben unvollständig sein lassen. Wieviel Fürsorge für dich darin liegen kann, dir abends eine einfache Gemüsesuppe zuzubereiten und diese in Ruhe zu genießen. Wie sehr du dein Wohlbefinden durch einen schönen gedeckten Tisch stimulieren kannst. Dr. Karin Pirc und Kerstin Rosenberg sind hier die großen Vorreiterinnen, denen wir ein umfassendes Wissen durch ihre Institute, Koch + Fachbücher und Beratungsangebote verdanken. Ayurveda spricht alle deine Sinne an und verführt dich zu einem gesunden, vitalen Wohlgefühl. Darüber hinaus ist es eine Heilmethode für gravierende chronische Gesundheitsübel und kann echte Wunder und nie geahnte Lebensqualität erschaffen. Dies weiss ich aus eigener Erfahrung und der jahrelangen Begegnung mit vielen Menschen während meiner eigenen Kuren und Weiterbildungen.

Nimm dich selbst und deine Bedürfnisse ernst.

In das Angebot in Ayurveda reinzuschnuppern, ist heute vielfältig und es gibt etablierte Spezialisten, die auf mittlerweile jahrzehntelange Erfahrungen zurückblicken können. Achtung, damit meine ich nicht Hotel

XY mit Wellnessabteilung, wo eine Kosmetikerin ab und zu eine Massage ayurvedischer Art, gelernt im Wochenendkurs, anbietet. Nimm dich selbst und deine Bedürfnisse ernst.

Eine Yogalehrerin kann Wunder in deinem Leben bewirken, suche sie dir genauso sorgfältig und intuitiv aus, wie eine Person die deinen Körper verwöhnt. Du bist als Frau sicher gewöhnt, dich selbst an letzter Stelle zu stellen und hast dir Wohlbefinden nach dem Vernunftprinzip erlaubt: „Ist das nötig?" Ich hoffe, Not hast du noch keine, jedoch das Gespür für die Bedürfnisse deines Körpers, könnten auch dir abhandengekommen sein. Mit Ayurveda und Yoga hast du die Möglichkeit, einen individuellen Rhythmus in deinem Leben zu etablieren, dessen Fokus dein Wohlbefinden ist.

Sehr wertvoll sind dabei alle auftretenden Widerstände des Verstandes, die dir in aktiver Weise aufzeigen, wo du dich blockierst und ausbremst. Die freiwerdende Energie kann ungeahnte Power für dein Business, neu erwachte Lebensfreude für dich bedeuten. Hinter diese Erkenntnis und Erfahrungspunkt wirst du nicht wieder zurückfallen. Das Wunderbare dabei: es funktioniert einfach und schlicht. Auch für dich, versprochen.

Folgende einfache Tipps gebe ich an alle meine Klientinnen aus jahrelanger Anwendung weiter:"

1. Steh kurz vor Sonnenaufgang auf, wann auch immer dieser beginnt

2. Trinke über den Tag verteilt zwei Liter warmes abgekochtes Wasser

3. Geh vor 22 Uhr schlafen

4. Iss erst wenn dein Darm sich morgens entleert hat

5. Genieße drei frische, warme Mahlzeiten pro Tag

6. Mache einen kleinen Spaziergang am Abend

7. Arbeite nicht nach 20 Uhr am Computer

8. Wenn du Einschlafprobleme hast oder sehr nervös bist, mache abends ein warmes Fußbad

9. Iss im Sitzen am gedeckten Tisch ohne TV und ohne Gespräche über Business. Ärger etc.

10. Setze einen Tipp nach dem anderen um, und probiere es 21 Tage aus und mach dir dabei Notizen was dir auffällt.

Raum für Reflektion und Erkenntnis:

_____

_____

_____

_____

_____

_____

_____

Meine Herausforderung:

_____

_____

_____

_____

_____

_____

_____

Das kann ich umsetzen:

_____

_____

_____

_____

_____

_____

_____

Hierbei nutze ich professionelle Hilfe:

_____

_____

_____

_____

_____

_____

_____

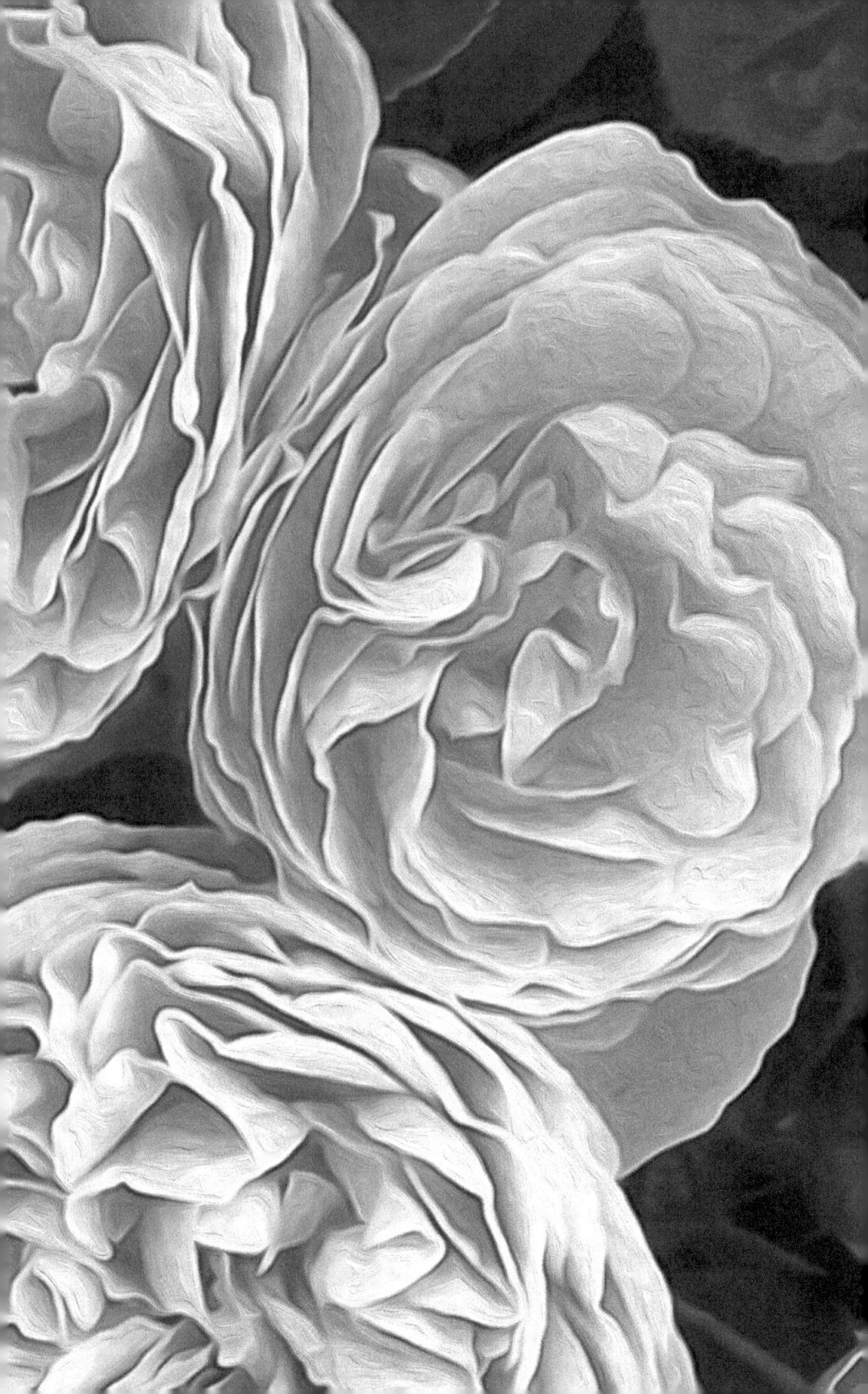

KAPITEL 10

Autonomie

Die Ausmaße einer fehlenden Autonomie sind mir erst in den vergangenen 12 Monaten minimal ins Bewusstsein gelangt. Autonomie als Synthese des Macht-Ohnmacht-Pendels im Leben einer Frau. Tiefste Traumen und Kindheitsverletzungen, die letztlich nur einen Sinn ergeben: den Weg ins Licht zu gehen, ins eigene Licht. Zu entdecken und zu erkennen, dass die Jahrhunderte, ja die Geschichte der Frauenunterdrückung, der Ohnmacht, letztlich nur Ausdruck unserer inneren eigenen Ohnmacht sind. Darüber gibt es viele Bücher und viele Klagen. Ist es nicht vielmehr ein Nichtbewusstsein, ein riesiger blinder Fleck, den wir kollektiv über Jahrhunderte begonnen haben zu beleuchten? Was ist mit unserem Schatten? Darüber findet sich doch wenig.

Die Tabus über weibliche Manipulation, Missgunst, Tratsch. Warum erziehen wir unsere Töchter bis heute mit größerer Strenge? Warum wird ein Mädchen als Flittchen beschimpft, während Jungs sich die Hörner abstoßen dürfen? Wenn eine von uns aufsteht, um erfolgreich zu sein, ist ihr der Neid von neun anderen so sicher wie der Scheck. Sofort sind wir „zu", wenn wir eine

> Zu entdecken und zu erkennen, dass die Jahrhunderte, ja die Geschichte der Frauenunterdrückung, der Ohnmacht, letztlich nur Ausdruck unserer inneren eigenen Ohnmacht sind.

Bedrohung für das Kollektiv darstellen. Zu schön, zu laut, zu gierig. Diese Pfeile treffen und holen viele wiederum ins Nest der anderen zurück. Der Standpunkt der Ohnmacht als Frau müsste verlassen werden, um als Kollektiv, als Gemeinschaft von Frauen erfolgreich zu sein. Hinterhältigkeit, üble Nachrede, Gerüchte, damit haben wir doch noch jeden zu Fall gebracht in der Historie. Wir morden mit Gift im Geheimen, im Unsichtbaren. Unsere Ohnmacht ist der mächtigste Standpunkt den es gibt, nämlich den des Opfers. Ganz komfortabel ist der Täter ausgemacht: der Mann. Über Generationen geben wir traditionell den Stab der Ohnmacht weiter von Frau zu Frau. Wir sagen nicht was wir tatsächlich denken „Du bist aber aggressiv", aber garantiert hinter vorgehaltener Hand. Wir sagen „A" nett und freundlich und meinen „B" und handeln hinterrücks. Solange diese kollektive Lüge in uns verborgen ist, bleiben wir auf der Verliererbank. Dafür zahlen wir im Geschäftsleben einen hohen Preis. Du kannst nicht „subtil" am Markt auftreten. Du kannst nicht „hintenherum" Akquise machen. Du kannst nicht 45 € für eine Massagestunde verlangen und von 95 € träumen. Du und der Kunde zahlen einen Preis für eure Unaufrichtigkeit. Denn dein Herz möchte für 95 € geben, deine Ohnmacht nimmt 45 € in bar.

Jetzt kommt die Gretchenfrage: Wo holst du die 50 € Differenz her? Wo bleibt deine Wut auf den Kunden, wo bleibt deine Wut, dein Hass auf dich? Sicher ist sie dir nicht bewusst und du glaubst aufrichtig zu sein, wie schon deine Mutter, deine Freundin, deine Oma. Eigentlich wie jede Frau, die du kennst. Das soll jetzt nicht mehr in Ordnung sein? Doch, ist es, als Ausdruck der Ohnmacht in unserem System. Hier bist du sicher. Im Kleinen, im Verborgenen. Und dein heimlicher Traum vom Erfolg, der der dich dieses Buch erwerben und lesen lässt, auch. Die Komfortzone der Ohnmacht, die ihre Macht in den Schatten stellt, kostet dich den Preis der persönlichen Autonomie. Der Weg aus der Komfortzone ist der Weg der Heilung. Jedes deiner Traumen ergibt einen Sinn, steht dir als potentielle Kraft zur Seite. Jede Stufe lässt dich reifen und deine Stärke wachsen. Mit jedem Schritt vorwärts, wächst die Furcht nicht mehr zu der alten Gemeinschaft zu gehören.

Wie eine Heidi Klum z.B. Die sich nimmt, aus eigener Kraft, was sie vom Leben möchte. Ruhm, Erfolg, Männer, Muttersein, Bewunderung, tolle Figur, Selbstdisziplin. Der Neid der Frauen in Form von Gift und übler Nachrede ist ihr sicher. Pfeile wie „Ausbeuterin", „Rabenmutter" sind sicher harmlos. Denn sie straft alle unsere Ausreden ab. Bitte verstehe mich richtig: Du sollst nicht sein oder werden wie Heidi. Werde, wie du wirklich sein willst auf deine Weise. Wenn du deine Körper liebst, tu etwas für ihn. Gib ihm das Maß an Bewegung und Entspannung, welches sich für dich gut anfühlt.

Sei aufrichtig zu dir und benutze deine Kinder nicht als Täter für deine Figur. Benutze Männer nicht für die Höhe deines Stundensatzes. Niemand außer dir ist dafür verantwortlich. Sei aufrichtig zu dir selbst in Bereichen, in denen du gern bequem bist und deine Wahrheit noch nicht leben möchtest. Du ermutigst damit auch andere. Je mehr du dir dies gestattest, kommst du in eine innere Balance. Diese ermöglicht dir von alleine geradezustehen und die Krücken in Form von Schokolade, Alkohol und Zigaretten, neue unpassende Liebschaften wegzulegen, ja zu vergessen. Echte Güte, Freude und Souveränität, beginnen in deinem Garten zu wachsen. Mach dich auf deinen Weg als erfolgreiche Unternehmerin. Nach meiner Erfahrung ist das die beste Möglichkeit, über sich selbst hinauszuwachsen. Zu einer Persönlichkeit zu werden und einen individuellen Fußabdruck in der Welt zu hinterlassen. Wozu wärst du sonst hier?

Raum für Reflektion und Erkenntnis:

_____

_____

_____

_____

_____

_____

_____

Meine Herausforderung:

_____

_____

_____

_____

_____

_____

_____

Das kann ich umsetzen:

_____

_____

_____

_____

_____

_____

_____

Hierbei nutze ich professionelle Hilfe:

_____

_____

_____

_____

_____

_____

_____

KAPITEL 11

Welche 10 Möglichkeiten du im digitalen Zeitalter kennen und nutzen solltest:

(Alle Links findest Du im Anhang)

1. **Wordpress:** Noch immer erlebe ich es, dass bei neuen Klientinnen oder auch über die Suchmaschine, Websites aufzurufen sind, die irgendeinen Uralt-Status haben. Das heißt, eine Seite, die seit Jahren nicht verändert worden ist, im Inhalt „© 2013" und mal für teures Geld von einem Webdesigner angelegt wurden. Solch eine Seite bringt gar nichts, außer der Anzeige der Telefonnummer. Wenn du nicht zu den seltenen Personen gehörst, die das Rezept für goldene Eier legen verkaufen, dann ist solch eine Website absolut destruktiv für dein Business, oder möchtest du als muffig, old style und analog wahrgenommen werden? Nach meiner Erfahrung macht bei den s.g. CMS (Content Management System) Angeboten an allererster Stelle Wordpress Sinn, als Gerüst einer Website. Das hat mehrere Gründe. An erster Stelle ist die Einfachheit und Angebotsvielfalt der möglichen Plug-Ins (Miniprogramme) und Themes (Oberflächengestaltungs -Möglichkeiten) nahezu unbegrenzt. Direkt dahinter steht jedoch, dass die Suchmaschine Google (-alle anderen können wohlwollend vernachlässigt werden), Wordpress Einträge, also Einträge in Form von Websites, sehr mag und deutlich besser rankt (in den Suchmaschinenergebnissen deutlich weiter vorne platziert), als alle

anderen Systeme. Eine Website, die auf Google nicht zu finden ist, ist quasi unsichtbar und du damit auch! Ob es eine schlaue Strategie wäre, das bestgehütete Geheimnis zu bleiben, ist mehr als old style und gehört ins Schatzkästchen für Heiratsstrategien von Oma, für dein Business ein NO GO! Der wichtigste Grund eine Website auf Wordpress-Basis aufzubauen, ist jedoch viel persönlicher: Du bist damit unabhängig von einem Webdesigner, Marketing- oder Werbeagentur. Ich empfehle dir dringend zu lernen, deine Website selbst aufzubauen und mit dir wachsen zu lassen. Du kannst jederzeit Änderungen, Zusätze, neue Artikel (Blogeinträge) hinzufügen und einbauen, ohne je ein Briefing, etc. gemacht und bezahlt zu haben. Es ist ein absoluter Perfektions-Anspruch eine gestylte Seite vom Designer zu haben und gleich dahinter in der Regel auch genauso wirkungslos, wie entmutigend. Hier wird spielend leicht Geld und Motivation verschenkt. Oft ohne je das Tageslicht zu erblicken, denn der Content (Inhalt) kommt von A-Z von dir und das ist ein Wachstumsprozess, auf den Werbeagenturen berechtigterweise keine Lust haben, dies jedoch regelmäßig als Albtraum erleben.

Wir kommen mit unseren Vorstellungen einer schicken Seite, stellen kurz danach fest, das geforderte können wir noch nicht und verkriechen uns. Dann ist der Auftrag unterschrieben, schon zumindest angezahlt, im vierstelligen Bereich und der Zahn der Versagensangst nagt an uns. Wir brauchen viel kostbare unternehmerische Energie, um diese Baustelle auszublenden, z.B. in Form allerlei Ausreden. Denn auf der Homepage steht nicht selten monatelang „under construction". Rate mal, wie oft der Besucher wiederkommen wird? NIE!

Es ist auch bei Wordpress sinnvoll, sich einen kompetenten und seriösen Partner an Bord zu holen, bzw. dort an Bord zu gehen. Er kann dir eine Menge Arbeit im technischen Hintergrund abnehmen und im Idealfall guten Support leisten, d.h. er ist fachlich versiert, kundenfreundlich orientiert und erreichbar. Ich habe auch einige Versionen von Websites auf Wordpressbasis und davor, ja auch die teure Designvariante mit passendem Logo, bis ich meinen jetzigen Anbieter fand. Klientinnen, so wie ich selbst, sind sehr zufrieden bei Mario Schneider und Spreadmind .

Es gibt eine kostenfreie Variante, auf der du deine Erfahrungen mit Wordpress machen kannst und Schritt für Schritt auf Wunsch in eine Online Business Plattform erweitern kannst .

2. **Google Einträge:** Absolut unerlässlich ist es dein Unternehmen bei „Google my Business" anzumelden. Quasi ein Brancheneintrag bei Google, somit wirst du auf Google Maps angezeigt und kannst Öffnungszeiten und Angebote, neue Blogartikel, Link zu Homepage, Foto von Dir auf Google anzeigen lassen. Erhöht massiv deine Sichtbarkeit und ist kostenfrei und der erste Schritt in die Möglichkeiten einer Suchmaschine, noch bevor deine Webseite fertig ist. Sobald diese erstellt ist, kannst du dich bei Google Analytics anmelden, der Registrierung bei Google. Dann weiß die Suchmaschine, dass es deine Seite gibt und du kannst später interessante Auswertungen über die Besucher deiner Webseite machen.

3. **Eigene Domain:** Ganz sicher besitzt du eine Emailadresse, oder mehrere. Bei T-online, Web.de, Googlemail, Yahoo, GMX, etc..Das ist prima und gratis für den privaten Gebrauch. Aber Adressen wie „Seepferdchen 68", „Mausebär" oder „Tina & Klaus Schmidt" sind nicht tolerierbar im Business und genauso häufig. Ganz offen gesagt, nehme ich Frauen nicht allzu ernst, die eine Emailadresse mit ihrem Mann teilen und dein Banker wird es auch nicht tun! Sie sagt mehr über dich aus, als dir womöglich klar ist. Ich erachte eine eigene Domain wie „estherwasser.com" oder „estherwasser.de" als Muss.

Daraus ergibt sich eine eigene Emailadresse, zum Beispiel „welcome@ estherwasser.com." Ich glaube, du hast jetzt verstanden. Die Kosten liegen jährlich im niedrigen 2-stelligen Bereich. Auch hier ist es sinnvoll, Anbieter zu nutzen, die beim Support nicht nur chinesisch sprechen und unsere Versagensangst sich keinen 2. Anruf erlaubt. Ich nutze seit Jahren Domainfactory, die Server stehen wahlweise in Deutschland, die spielt bei neuen Datenschutzanforderungen eine nicht unerhebliche Rolle.

4. **Fiverr:** Bitte denke nicht, dass ich Webdesigner schlecht finde, mir liegt jedoch dein Erfolg mehr am Herzen und dieser hängt nicht an einem teuer erstellten Logo oder Website für den Start. Ein Logo ist ein Eyecatcher und es lässt sich vortrefflich darüber referieren und Hörsäle füllen, jedoch ist auch jedes Markenlogo mit der Marke gewachsen und dein Anliegen ist zurzeit sicher nicht, den Nachfolger von „Nivea" im Markt zu installieren. Also hast du keine Erfahrung damit und kannst dir hier eine blutige Nase und ein leeres Konto holen. Denke immer daran, dass deine Versagensangst ein Wörtchen mitreden will, wenn es in Richtung Perfektion geht. Vielleicht hast du auch ein Logo, das nicht mehr zu dir passt, dein Business hat sich verlagert, oder du willst dir erneute Kosten sparen. Auf der Seite „fiverr" findest du dutzende Anbieter für Logos, für ganz kleines Geld. Am besten, du schaust dir vorher Logos an, die dir gefallen, also von bekannten Marken, Celebrities oder Websites und notierst dir diese, sowie die Farben, die zu dir oder deinem Business passen. Das funktioniert sehr schön mit dem kleinen Tool „Colorpic" (Link). Damit kannst du Farbtöne direkt anklicken, als Farbpalette abspeichern und die konkrete Nummer der Farbe ablesen, sehr praktisch auch für deine Wordpressseite. Jetzt suchst du dir einen Logoanbieter auf Fiver, der Logos anbietet, die für den Businessbereich sind und der sehr gute Bewertungen und Beispiele in seinem Profil

hat. Durch deine Vorabrecherche kannst du ihm genau sagen, was und wie deine Vorstellungen sind, auf deren Basis er die Vorschläge macht. Achte darauf, dass du mehrere Möglichkeiten zur Nachbesserung (Review) hast, bevor du das Logo abnimmst und, dass dir das Logo (gegen Aufpreis) in allen wichtigen Dateiformen zur Verfügung steht (jpg, png, ai, etf). Nun solltest du für weniger als 50€ ein Logo bekommen, das du sowohl auf der Visitenkarte und Webseite verwenden, als auch gegebenfalls auf eine Fahne drucken lassen kannst .

> Nun solltest du für weniger als 50€ ein Logo bekommen.

5. **PayPal:** Es ist heutzutage absolut nicht mehr nötig deine Zeit mit Mahnungen oder gar Inkasso zu verschwenden. Bei mir gibt es keine Leistung, bevor die monetäre Seite nicht geklärt und erledigt ist. Ja ich weiß, hier liegt eine große Hemmschwelle, „das ist in meiner Branche nicht üblich.", jedoch liest du dieses Buch ja nicht, um weiter „die üblichen Dinge" zu tun, die dich dahin gebracht haben, wo du heute stehst. Du bist verantwortlich für deine Autonomie und die Zufriedenheit deiner Kunden. Stammkunden sind das Beste und dafür brauchst du klare Verhältnisse. Wenn du 100% geben kannst an Kunden, die dies wertschätzen. Dabei kann dir ein elektronischer Zahlungsanbieter helfen. Gleich als Vorabzahlung oder Abo mit Paypal kannst du eine saubere Rechnung per Email zustellen und der Betrag ist Minuten später auf deinem Konto. Monatlicher Kontoauszug ebenso. Dein Steuerberater wird sich freuen. Weniger vom lästigen Papierkram, mehr Zeit für den Aufbau deines Business und für dich. Es gibt kaum eine Zielgruppe, mit der der Zahlungsverkehr über Paypal schwierig ist, denn der Kunde braucht kein Konto dort, er hat die freie Wahl, wie er bezahlt .

6. **Online Konto:** In Zeiten des Niedrigzinsniveaus, versuchen die Banken die Kosten über Gebühren einzudämmen. Schnell sind Konten bei einer herkömmlichen Bank kostenintensiv. Da wir als Entrepreneur nicht die Mutter Theresa der Banken sind, gibt es auch hier Alternativen. Hier ist abzuwägen, ob du ein Konto benötigst, welches die Bargeldeinzahlung erlaubt. Das kläre mit dem Steuerberater ab, ob dies notwendig ist. Es gibt Kontenmodelle mit 0 € Gebühren inkl. Kreditkarte. Sie müssen als Businesskonto nutzbar sein, das ergibt sich aus den AGB. Weiterhin ist ein Tagesgeldkonto sinnvoll. Meine derzeitigen Favoriten sind die N26 Bank (Link) sowie die advanzia (Link). Ich habe keine Bargeldeinnahmen, die ich einzahlen muss, daher passt das für mich. Kein Bargeld bedeutet auch: Kein Kassenbuch. Buchführung gehört nicht zu meinen Leidenschaften.

7. **Phonesty:** Eines meiner Lieblingstechniktools ist meine Telefonkonferenz, sie war und ist eines der großen Hebel meiner Autonomie. Sie hat den Radius meiner potenziellen Kunden auf international erweitert und auch ich selbst kann mich von überall in meine Coaching-Gespräche einwählen. Mit einem Klick lassen sich die Gespräche komfortabel aufzeichnen und verwalten. Ebenso leicht erstellst du ein digitales Produkt. Phonesty möchte ich nicht mehr missen .

8. **Webinaris:** 2 Jungs, die ziemlich ausgeschlafen sind, was Vermarktung angeht, sind die Gründer von Webinaris. Eine vollautomatische Webinarplattform. Dies gehört zu den fortgeschrittenen Tools mit nahezu unbegrenzten Möglichkeiten. Ich habe sehr viel von ihrem Wissen und Support profitiert, auch wenn ich immer wieder darauf hinweise, dass du deine Form, dein Format und dein Tempo finden darfst. Erklärungsbedürftige Produkte, Schulungen, Marketing, der Einsatz von Webinaris ist nahezu grenzenlos, um in Kontakt mit Interessenten oder Kunden zu bleiben. Es gibt keine langen Verträge und so bleibst du auch hier unabhängig .

9. **Virtuelle Persönliche Assistenten:** Das Thema Autonomie behandele ich ja im Besonderen und dazu zählt natürlich auch deine Zeit. Denn dein hauptsächliches Kapital in deinem Business ist, neben deinem Wissen, deine Zeit! Für alles, was du tust, sollte dir dein kalkulatorischer Unternehmerlohn bewusst sein (frag deinen Steuerberater) und jede Tätigkeit, die du nicht selbst erledigen musst, ist optional auszulagern. Das fängt beim Säubern deiner Wohnung an, weiter mit deiner Buchhaltung und kann jegliche Aufgabe erfassen, von Recherche über Lektorat, Kalkulation, Websitepflege, etc. Dafür gibt es virtuelle persönliche Assistenten. Dieses Buch beispielsweise entsteht über eine ganze Reihe von Assistenten. Sie verschaffen dir einen großen Hebel deiner Zeit und halten den Spaß am Business hoch. Alles was du nicht gerne machst, nicht dein Kernthema ist und professionell erledigt sein soll, kannst du empfehlenswerter Weise, auslagern. Es gibt einzelne VA, die selbstständig sind und Agenturen, welche dir den passenden VPA vermitteln, also auch Erfahrung mit deren Expertise und Freundlichkeit und Zuverlässigkeit haben. Von den deutschen Anbietern habe ich Empfehlungen und erste Erfahrungen mit der Agentur my-VPA. Auch hier gilt ausprobieren und Testangebot nutzen.

10. **Canva für Grafik und Layout:** Kurz gesagt: Einfacher geht es nicht. Mit Canva hast du ein Onlinetool, das du gratis zum Erstellen von Präsentationen, Grafiken, Logos, Fotobearbeitung, etc. nutzen kannst. Es macht Spaß, lässt sich mit den Tutorials leicht erlernen und gibt deiner Kreativität freie Bahn. Du erhältst Templates (Vorlagen), kannst dich inspirieren lassen und so unabhängig erste und auch fortgeschrittene Erfahrung mit Designs machen. Ich bin, genervt vom ganzen digitalen Rechtsgedöns, dazu übergegangen nur noch eigene Fotos zu verwenden. Dadurch spare ich mir die (berechtigten) Verweise auf den Urheber. Außerdem sind meine Blogbeiträge dadurch noch individueller und persönlicher geworden .

Raum für Reflektion und Erkenntnis:

_____

_____

_____

_____

_____

_____

_____

Meine Herausforderung:

_____

_____

_____

_____

_____

_____

_____

Das kann ich umsetzen:

_____

_____

_____

_____

_____

_____

_____

Hierbei nutze ich professionelle Hilfe:

_____

_____

_____

_____

_____

_____

_____

Literaturverzeichnis

Hasselmann, V., & Schmolke, F. (2009). *Die 7 Archetypen der Angst*. München: Arkana.

Kyosaki, R., & Lechter, Sharon L. (2006). *Rich Dad, Poor Dad*. München: Arkana.

Mahr, M. (2013). *Grundängste und Selbstverwirklichung*. Berlin: epubli.

Marshall, P. (2013). *80/20 Sales and Marketing*. USA: Entrepreneur Press.

Buchempfehlungen

Diese Bücher empfehle ich persönlich, teilweise begleiten sie mich seit mehr als 10 Jahren.

Zuerst reicht eine gebrauchte Ausgabe, jedoch nacheinander ;-).

Wenn ein Buch dich wirklich anspricht, kauf dir die Kindle-Ausgabe dazu.

„Die Welten der Seele", **Hasselmann, Schmolke, Arkana**
Einstieg und Durchblick in existentielle Sinnhaftigkeit.

„Rich Dad, poor Dad", **Kyosaki, Arkana**
Was die Reichen ihren Kindern über Geld beibringen.

„Die 4-Stunden-Woche", **Ferris, Ullstein**
Mehr Zeit, mehr Geld, mehr Leben.

„Der 80/20 Entscheider", **Koch, Campus**
Der Königsweg zur Effektivität und persönlicher Freiheit.

„Das Ayurveda Praxisbuch für Frauen", **Rosenberg, AT**
Gesund, schön und sinnlich.

„Das weibliche Gehirn", **Brizendine, Hoffmann und Campe**
Warum Frauen anders sind als Männer.

„Drehbuch für Meisterschaft im Leben", **Smothermon, Kamphausen**
Übernimm Verantwortung für dein Leben.

„Rich Woman", **Kyosaki Kim, Profitable Synergies**
Nimm deine finanzielle Zukunft selbst in die Hand.

Empfehlungen

Alle Empfehlungen nutze ich selbst und habe sie unter einer Vielzahl von Möglichkeiten getestet und ausgewählt. Sie haben keinen Anspruch auf Vollständigkeit, arbeiten jedoch zuverlässig und sind kostengünstig.Du sparst dir eine Menge Zeit und Nerven auf bewährte Tools zu setzen. Bitte nutze diese Links. Ich kann damit besser nachvollziehen welche Empfehlungen die meisten Leserinnen interessieren. Einige Links enthalten eine kleine Vergütung für meinen Aufwand.

Spreadmind: Alles was ein Onlinebusiness braucht, von Website bis Zahlungsabwicklung.
http://bit.ly/spreadmin

Dropbox: Dateien in der Cloud sichern, kostenfrei.
http://bit.ly/dropboxbook

Webinaris: Webinare und Videos vollautomatisch, absolut professionell.
http://bit.ly/webinari

Canva: Easy Bilder und Layouts selbst gestalten.
http://bit.ly/canvafuerdich

Phonesty: Telefonkonferenzmodul, einfach einwählen.
http://bit.ly/phonesty

Advanzia Bank: mein bevorzugtes Tagesgeldkonto.

http://bit.ly/advanziakonto

N26: kostenfreies Business- oder Privatkonto inkl. Kreditkarte.

http://bit.ly/n26banking

Paypal : Zahlungsabwicklung online und easy.

http://bit.ly/paypaldemomovie

Google my business: dein kostenfreier Eintrag in Google.

http://bit.ly/google_my_biz

Fiverr: für kleines Geld ein neues Logo, Grafiken, etc.

http://bit.ly/logo_fiverr

Domainfactory: professionelles Hosting mit Top Support ohne Fach-chinesisch.

http://bit.ly/domainfact

Airbnb: günstig wohnen unterwegs.

http://bit.ly/airbnb2u.1

Medimops: die meisten Bücher gibt's gebraucht.

http://bit.ly/medimops2u

My-VPA: Meine Wahl bei virtuellen Assistenten.

http://bit.ly/myvpa2u

Danksagung

Ich danke meinen Eltern für die perfekte Gelegenheit, meinen Söhnen Noah und Linus für ihre Wahl, meinen Klientinnen für ihr Vertrauen, Varda Hasselmann und Frank Schmolke für die Hingabe an ihre Berufung, dem Team von Black Card Books und Dr. Gina Feistel für ihre Unterstützung.

ESTHER WASSER

ERFOLGSGEHEIMNISSE
einer UNTERNEHMERIN

Der Videokurs zum eigenen Erfolg

6 Stunden Videomaterial

Hol Dir jetzt den Erfolg nach Hause mit 50% Rabatt:

Website: bit.ly/EG-Videokurs
Rabattcode: 50BUCHVIDEO

ERFOLGSGEHEIMNISSE
einer UNTERNEHMERIN
kommt zu Dir!

Interesse an einem kostenfreien Vortrag der Autorin für Dein Netzwerk, Messe, Frauengruppe, Verband?

Ruf mich an für weitere Infos:

Phone: +49 2262 717 652
Website: estherwasser.com
Email: welcome@estherwasser.com